Katia Ojito Ramos
Orelvis Portal

Metabolitos secundarios de las plantas

Katia Ojito Ramos
Orelvis Portal

Metabolitos secundarios de las plantas

Una alternativa para el manejo de enfermedades en cultivos de interés económico

Editorial Académica Española

Imprint
Any brand names and product names mentioned in this book are subject to trademark, brand or patent protection and are trademarks or registered trademarks of their respective holders. The use of brand names, product names, common names, trade names, product descriptions etc. even without a particular marking in this work is in no way to be construed to mean that such names may be regarded as unrestricted in respect of trademark and brand protection legislation and could thus be used by anyone.

Cover image: www.ingimage.com

Publisher:
Editorial Académica Española
is a trademark of
International Book Market Service Ltd., member of OmniScriptum Publishing Group
17 Meldrum Street, Beau Bassin 71504, Mauritius

Printed at: see last page
ISBN: 978-620-2-25008-5

Metabolitos secundarios de las plantas en el manejo de enfermedades

Katia Ojito-Ramos*, Orelvis Portal

Departamento de Biología, Facultad de Ciencias Agropecuarias, Universidad Central "Marta Abreu" de Las Villas. Carretera a Camajuaní km 5,5, Santa Clara 54 830, Cuba

* Autor para correspondencia

Katia Ojito-Ramos

E-mail: kojito@uclv.edu.cu

Teléfono: +53-42207171

Índice **Pág.**

Introducción 1
1. Metabolitos secundarios de las plantas 2
1.1. Aspectos generales 2
1.2. Características estructurales 5
1.2.1. Terpenos 5
1.2.2. Glucósidos cianogénicos 6
1.2.3. Glucosinolatos 7
1.2.4. Alcaloides 8
1.2.5. Compuestos fenólicos 9
1.3. Funciones ecológicas 10
1.4. Participación en la defensa de las plantas 15
1.5. Otras funciones 18
2. Técnicas de extracción de metabolitos secundarios 21
2.1. Técnicas convencionales 22
2.1.1. Extracción por maceración 22
2.1.2. Extracción por *Soxhlet* 23
2.1.3. Destilación con agua y/o vapor 23
2.2. Otras técnicas 24
2.2.1. Extracción asistida por microondas 24
2.2.2. Extracción por fluido supercrítico 26
2.2.3. Extracción por alta presión de disolvente 28
2.2.4. Extracción asistida por ultrasonido 29
3. Metabolitos secundarios en el control de enfermedades causadas por hongos 30
3.1. Metabolitos secundarios con actividad antifúngica 30
3.2. Control del tizón temprano en *Solanum lycopersicum* 31
3.2.1. Origen y taxonomía de *Solanum lycopersicum* 31
3.2.2. Tizón temprano 32
3.2.3. Uso de extractos de plantas en el control del tizón temprano 38
Referencias bibliográficas

Introducción

El uso de extractos de las plantas se encuentra entre las nuevas estrategias de control de plagas y enfermedades, como soluciones alternativas a los problemas de Sanidad Vegetal (Mohan *et al.*, 2015; On *et al.*, 2015). El elevado contenido de metabolitos con actividad antimicrobiana que presentan las plantas las convierten en fuentes potenciales de compuestos que podrían ser empleados en su defensa, tanto por su actividad antimicrobiana, como por la inducción de resistencia (Burketová *et al.*, 2015).

Las plantas producen una enorme variedad de compuestos químicos, los cuales les permiten interactuar con el ambiente, por lo que representan un reservorio de nuevas moléculas. Aproximadamente, se conocen 2 000 especies de plantas que presentan metabolitos con actividad antimicrobiana y muchas de ellas son empleadas frecuentemente. Sin embargo, se estima que solamente entre el 20-30% de las mismas se han investigado. Además, es mínimo el porcentaje en que se ha evaluado realmente esta actividad; muchas de estas investigaciones no están completas y frecuentemente los procedimientos de los ensayos biológicos empleados son inadecuados (Pino *et al.*, 2013a).

En este trabajo se realiza un compendio de la información encontrada en la literatura científica sobre los aspectos generales y las características estructurales de los metabolitos secundarios de las plantas, así como de sus funciones ecológicas y su participación en la defensa de las plantas. Además, se abordan aspectos sobre las técnicas de extracción de metabolitos secundarios, y ventajas y desventajas de algunas de ellas. Finalmente, se hace referencia a la utilización de los metabolitos secundarios en el control de enfermedades causadas por hongos en las plantas, ejemplificando su uso en el control del tizón temprano en el cultivo del tomate.

1. Metabolitos secundarios de las plantas

1.1. Aspectos generales

El metabolismo es una actividad celular altamente coordinada donde se acoplan e integran múltiples rutas metabólicas con varios objetivos como son: 1) obtener energía química a partir de la energía solar o de la degradación de nutrientes tomados del ambiente; 2) convertir moléculas de nutrientes en las propias moléculas características de la célula, incluyendo precursores de macromoléculas (proteínas, ácidos nucleicos y polisacáridos); 3) polimerizar precursores monoméricos en macromoléculas; 4) sintetizar y degradar las biomoléculas necesarias para las funciones celulares específicas, tales como lípidos de membrana, mensajeros intracelulares y pigmentos (Nelson *et al.*, 2012).

La mayor parte del carbono, del nitrógeno y de la energía del ambiente forma moléculas comunes en todas las células, necesarias para su funcionamiento y el de los organismos. Estas moléculas se denominan metabolitos primario *e.g.* aminoácidos, nucleótidos, azúcares y lípidos, los cuales están presentes en todas las plantas y desempeñan las mismas funciones. A diferencia de otros organismos, las plantas destinan una cantidad significativa del carbono asimilado y de la energía a la síntesis de una amplia variedad de moléculas orgánicas que no parecen tener una función directa en procesos fotosintéticos, respiratorios, asimilación de nutrientes, transporte de solutos o síntesis de proteínas, carbohidratos o lípidos, y que se denominan metabolitos secundarios (también denominados productos secundarios, metabolitos especializados o productos naturales) (Buchanan *et al.*, 2015).

Los metabolitos secundarios presentan gran diversidad química, y se han identificado más de 200 000 estructuras químicas diversas (Tsanko *et al.*, 2014; Ncube y Staden, 2015). En comparación con los metabolitos primarios, que son esenciales para el crecimiento y desarrollo de las plantas, los metabolitos secundarios tienen funciones internas en las plantas y también participan en la comunicación de estas con el ambiente (Quinn *et al.*, 2014; Kasote *et al.*, 2015). Esta interacción puede ocurrir de múltiples formas *e.g.* la acumulación de pigmentos en los pétalos de las flores, o la liberación de productos químicos volátiles por las flores para atraer a los polinizadores (Karppinen *et al.*, 2016), por la liberación de compuestos volátiles por una hoja dañada por una oruga de pastoreo para atraer avispas depredadoras en una interacción tritrófica, o la producción de compuestos químicos amargos o tóxicos que sirven como antialimentadores (Moore *et al.*, 2014). También puede ocurrir por la liberación de metabolitos secundarios por la raíz hacia la rizosfera para atraer microorganismos beneficiosos del suelo (Latif *et al.*, 2017; Tsunoda y Dam, 2017).

Los metabolitos primarios y secundarios no pueden distinguirse fácilmente por sus moléculas precursoras, estructuras químicas, u orígenes biosintéticos. En este sentido, el diterpeno ácido kaurenoico y el ácido abiético están formados por una secuencia similar de reacciones enzimáticas relacionadas, mientras el primero es un intermediario esencial en la síntesis de giberelinas, el otro es un componente de resina restringido a miembros de las familias *Fabaceae* y *Pinaceae*. De forma similar, el aminoácido esencial prolina se clasifica como un metabolito primario, mientras que su análogo de seis carbonos, el ácido pipecólico (**Figura 1**) se considera un alcaloide, y por lo tanto un metabolito secundario. Incluso la lignina, el polímero estructural esencial de la madera, se ha considerado un metabolito secundario en lugar de primario. En ausencia de una definición válida entre metabolitos primarios y secundarios basada en la estructura o la bioquímica, se utiliza una definición funcional *i.e.* los productos primarios participan en la nutrición y los procesos metabólicos esenciales en la planta y los productos secundarios influyen en la comunicación entre la planta y su entorno (Buchanan *et al.*, 2015).

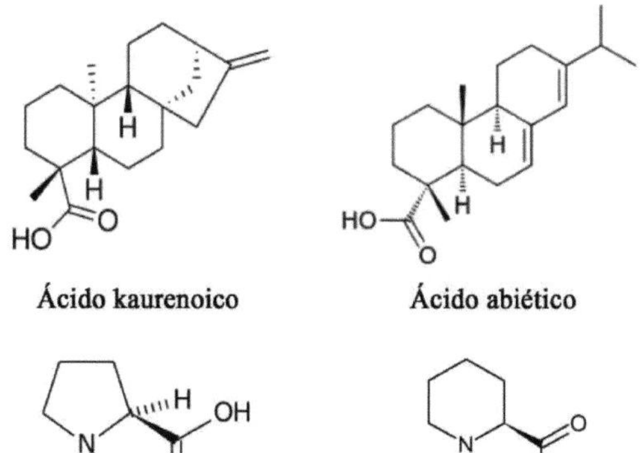

Ácido kaurenoico **Ácido abiético**

Prolina **Ácido pipecólico**

Figura 1. Metabolitos primarios y secundarios relacionados biosintética y estructuralmente.

Los metabolitos secundarios, además de no presentar una función definida en los procesos mencionados, difieren también de los metabolitos primarios en que ciertos grupos presentan una distribución restringida en el reino vegetal, es decir, no todos los metabolitos secundarios se encuentran en todos los grupos de plantas (Ncube y Staden, 2015). Se sintetizan en pequeñas cantidades y no de forma generalizada, estando a menudo su producción restringida a una determinada familia, a un género, o incluso a algunas especies de plantas (Martínez-Esteso *et al.*, 2015).

Los metabolitos secundarios se pueden dividir en varios grupos principales basados en sus estructuras químicas, siendo los mejores estudiados los terpenoides, glucósidos cianogénicos y glucosinolatos, alcaloides y compuestos fenólicos (Buchanan *et al.*, 2015). Las principales rutas de biosíntesis de metabolitos secundarios derivan del metabolismo primario del carbono. La ruta del ácido malónico es una fuente importante de fenoles en hongos y bacterias, pero es poco empleada en las plantas vasculares. La ruta del ácido siquímico es responsable de la biosíntesis de la mayoría de los compuestos fenólicos de las plantas. A partir de eritrosa-4-P y de ácido fosfoenolpirúvico se inicia una secuencia de reacciones que conduce a la síntesis de ácido siquímico y, derivados de éste, aminoácidos aromáticos (fenilalanina, triptófano y tirosina) (Kasote *et al.*, 2015).

La variedad estructural dentro de un mismo grupo de metabolitos secundarios está dada por modificaciones químicas a una estructura básica, originadas por reacciones químicas, tales como la hidroxilación, metilación, epoxidación, malonilación, esterificación y la glucosilación (Ncube y Staden, 2015). Esta variabilidad ocasiona perfiles metabólicos diferentes entre especies, los miembros de una población y los diferentes órganos de la planta, la cual es parte de la estrategia de adaptación de estas (Moore *et al.*, 2014; Martínez-Esteso *et al.*, 2015).

Para cada órgano, tejido o tipo celular puede existir una síntesis constitutiva y específica de metabolitos secundarios. También, existen metabolitos que se sintetizan en todos los órganos y tejidos de la planta, pero que se almacenan en órganos o tejidos diferentes a los de su síntesis, a través de su redistribución por el xilema y/o el floema, o por el espacio apoplástico (Moore *et al.*, 2014). Esta variabilidad también se observa entre las diferentes etapas fisiológicas del desarrollo de la planta. Los metabolitos secundarios se sintetizan en las plantas a través de vías metabólicas, que son parte integral del metabolismo de toda la planta, como respuesta a condiciones de estrés inducidas por agentes bióticos y abióticos. El control genético y epigenético de estas vías garantiza el perfil de producción adecuado de los diferentes metabolitos secundarios (Caretto *et al.*, 2015). El aumento en estos niveles es importante para la supervivencia de las plantas, ya que su síntesis se deriva del metabolismo primario, además, algunos de estos compuestos son tóxicos para la propia planta (Ibanez *et al.*, 2012).

La biosíntesis y el almacenamiento de los metabolitos secundarios o de sus precursores ocurren en diferentes lugares de la célula vegetal. En general, la síntesis de algunos alcaloides y terpenos se realiza en los cloroplastos. Los esteroles, sesquiterpenos y dolicoles se sintetizan en el retículo endoplásmico (Chadwick *et al.*, 2013), mientras que la biosíntesis de algunas aminas y alcaloides ocurre en la mitocondria. Los compuestos solubles en agua se almacenan en vacuolas, en tanto los solubles en lípidos son almacenados en estructuras especializadas tales como conductos de resinas, laticíferos, pelos glandulares, tricomas o en la cutícula (Buchanan *et al.*, 2015).

1.2. Características estructurales

1.2.1. Terpenos o terpenoides

Se han descrito aproximadamente 30 000 terpenoides, los cuales presentan una enorme variabilidad estructural, pero tienen en común su origen biosintético. Se derivan a partir de la unión de unidades de cinco carbonos de isopentano y también son referidos como isoprenoides y como terpenos (**Figura 2**). Este grupo se clasifica según sus unidades de carbono. De esta forma, se designan como monoterpeno al terpenoide de 10 carbonos (un terpeno), hemiterpeno al terpenoide de cinco carbonos (medio terpeno), sesquiterpeno al terpenoide de 15 carbonos (1,5 terpeno), diterpeno al terpenoide de 20 carbonos y como triterpeno al terpenoide de 30 carbonos (Moses *et al.*, 2013).

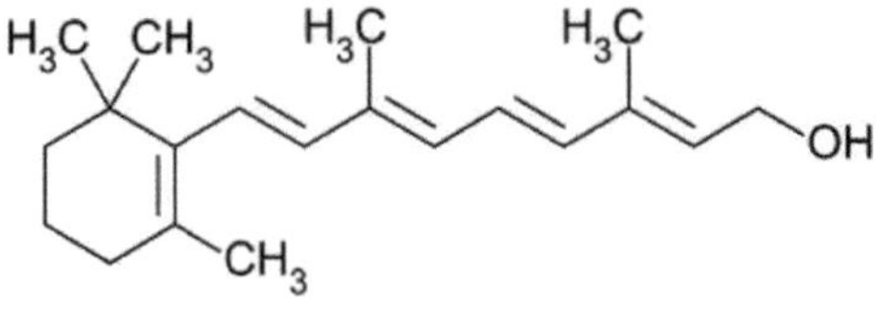

Figura 2. Estructura química general de los monoterpenos.

Varios terpenos son metabolitos primarios de las plantas, incluyendo algunas hormonas como la giberelina (diterpeno), los brasinoesteriodes (triterpenos), el ácido abscísico (sesquiterpeno) y las estrigolactonas (19 átomos de carbonos en su esqueleto básico), algunas citoquinas y carotenoides. Sin embargo, la mayoría de los terpenoides producidos por las plantas no tienen funciones en el crecimiento y el desarrollo, por lo que se consideran metabolitos secundarios (Ncube y Staden, 2015). Muchos de ellos son compuestos volátiles o constituyentes de aceites esenciales, resinas, latex y ceras.

1.2.2. Glucósidos cianogénicos

Los glucósidos cianogénicos son β-glicósidos de α-hidroxinitrilos (cianohidrinas) (**Figura 3**). Se caracterizan por su capacidad para liberar cianuro de hidrógeno (HCN) cuando son hidrolizados por β-glicosidasas; este proceso (cianogénesis) típicamente ocurre cuando el tejido de la planta que contiene glucósidos cianogénicos está dañando, lo cual suele ocurrir cuando está mordido o masticado por animales o insectos (Buchanan *et al.*, 2015). Los glucósidos cianogénicos son componentes importantes de la defensa de la planta contra herbívoros generalistas, debido a su sabor amargo y la liberación de HCN tóxico sobre el tejido dañando (Proietti *et al.*, 2015).

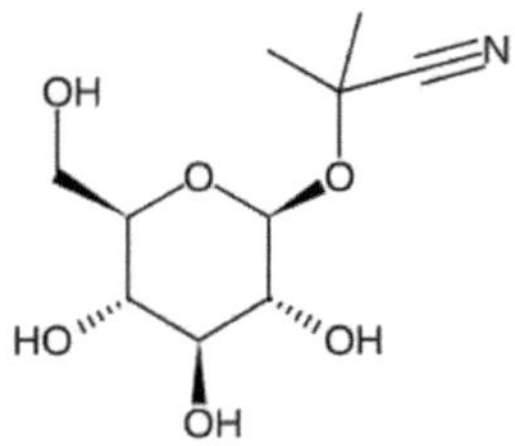

Figura 3. Estructura química general de los glucósidos cianogénicos.

Los glucósidos cianogénicos se derivan de cinco aminoácidos constituyentes de proteína (Val, Ile, Leu, Phe, y Tyr), y el aminoácido no proteico ciclopentenil glicina. Estos contienen una estructura nuclear de glucósidos cianogénicos que pueden estar modificadas adicionalmente por hidroxilaciones simples o múltiples. El número de glucósidos cianogénicos que se encuentran en la naturaleza es aún más amplio debido a la diversidad del azúcar que lo constituye. Los glucósidos cianogénicos están ampliamente distribuidos entre más de 2 600 especies diferentes de pteridofitas, gimnospermas y angiospermas. Mientras que las pteridofitas y las gimnospermas contienen glucósidos cianogénicos derivados de aminoácidos aromáticos, las angiospermas pueden contener glucósidos cianogénicos derivados de aminoácidos alifáticos o aromáticos. Muchos cultivos incluyendo el sorgo (*Sorghum bicolor* (L.) Moench), la yuca (*Manihot esculenta* Crantz), y la cebada (*Hordeum vulgare* L.), son cianogénicos. La comprensión de las funciones de los glucósidos cianogénicos, así como sus vías biosintéticas y mecanismos reguladores subyacentes en estas especies, es crucial para el desarrollo de cultivares no tóxicos y productos alimenticios (Proietti *et al.*, 2015; Zidenga *et al.*, 2017).

1.2.3. Glucosinolatos

Los glucosinolatos son β-tioglicósidos aniónicos ricos en azufre; contienen un átomo de carbono central que está unido por un azufre a un azúcar (β-D-tioglucosa) y por un nitrógeno a una oxima sulfatada (Martínez-Ballesta *et al.*, 2013). Además, el carbono central está unido a un grupo lateral (**Figura 4**). Diferentes glucosinolatos tienen diferentes grupos laterales definido por los aminoácidos de los que se derivan. Los precursores de aminoácidos incluyen alanina, valina, isoleucina, leucina, metionina, fenilalanina, tirosina y triptófano, y formas de cadena alargadas de metionina y fenilalanina (Buchanan *et al.*, 2015).

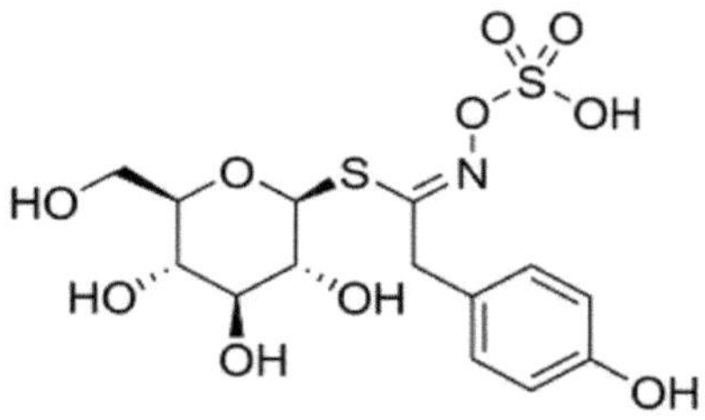

Figura 4. Estructura química general de los glucosinolatos.

Los glucosinolatos constituyen una clase pequeña de compuestos especiales que obtienen su actividad biológica tras la hidrólisis por β-tioglucosidasas, también conocidas como mirosinasas (Ishida *et al.*, 2014). La aglicona que se forma puede reordenarse de diferentes maneras para producir isotiocianatos, nitrilos, epitionitrilos, oxazolidin-2-tionas y tiocianatos. El perfil de los productos bioactivos obtenidos está formado por la estructura de la cadena lateral del glucosinolato y la presencia de patrones de proteínas modificadoras o proteínas especificadoras, la presencia de iones ferrosos y el pH.

Para evitar daños en la planta, la mirosinasa y los glucosinolatos se almacenan en compartimentos subcelulares separados y se unen sólo bajo condiciones de estrés o lesión *e.g.* daño celular debido a mordedura o masticación por herbívoros. Los productos de la hidrólisis producida como resultado del daño celular se conocen como la bomba de aceite de mostaza y proporcionan la defensa contra herbívoros generalistas (Buchanan *et al.*, 2015).

La aparición natural de los glucosinolatos se limita en gran medida al orden *Brassicales*, donde se incluyen la colza (*Brassica napus* L.), el brócoli (*Brassica oleracea* L.), el rábano (*Raphanus sativus* L.), el rábano picante (*Armoracia rusticana* G. Gaertn., B. Mey. & Scherb.) y *Arabidopsis thaliana* (L.) Heynh. (Martínez-Ballesta *et al.*, 2013; Ishida *et al.*, 2014). Además de la variación estructural ofrecida por diferentes grados de elongación de la cadena, principalmente de glucosinolatos derivados de los aminoácidos metionina y fenilalanina, el núcleo estructural puede ser modificado adicionalmente por la actividad de flavina monoxigenasas y 2-oxoglutarato-dioxigenasas dependientes. La composición y cantidad de glucosinolatos está influenciada por el genotipo, las condiciones climáticas y de cultivo incluyendo la fertilización, el tiempo de cosecha y la posición de las plantas (Ishida *et al.*, 2014).

1.2.4. Alcaloides

Durante gran parte de la historia humana, los extractos de las plantas que contienen alcaloides se han utilizado como ingredientes en pociones y venenos (**Figura 5**). El término alcaloide, acuñado en 1819 en Halle (Saale) Alemania, encuentra su origen en el nombre árabe al-qali, la planta de la cual la soda se aisló por primera vez (Buchanan *et al.*, 2015). Los alcaloides se definieron originalmente como compuestos básicos farmacológicamente activos y nitrogenados de origen vegetal. Después de 200 años de investigación, esta definición ya no abarca todo el campo de alcaloides, pero en muchos casos sigue siendo apropiado. Muchos de los alcaloides que se han descubierto no son farmacológicamente activos en mamíferos, y algunos son neutros en vez de básicos, a pesar de la presencia de un átomo de nitrógeno en la molécula (Kim *et al.*, 2016).

Más de 20 000 alcaloides se han aislado de varios organismos desde el descubrimiento de la morfina. Se estima que el número de géneros de plantas es superior a 20 000. Aproximadamente, el 9% de los géneros de las plantas tienen especies acumuladoras de alcaloides, y estas plantas abundan en los géneros pertenecientes a las angiospermas (plantas con flores) (Ncube y Staden, 2015).

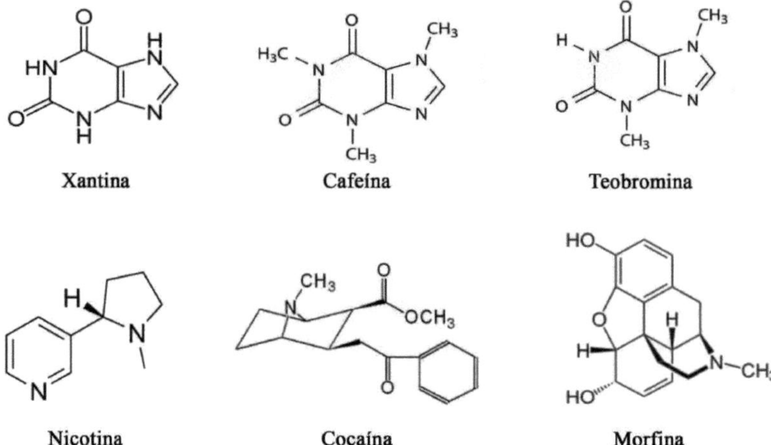

Figura 5. Estructura química de algunos alcaloides.

Las especies acumulan alcaloides siguiendo un patrón único y definido. Algunas plantas, tales como el bígaro (*Catharanthus roseus* (L.) G. Don) contienen más de 100 alcaloides indol de monoterpenoides diferentes. Algunos alcaloides están restringidos a una sola especie, como la tubocurarina en la liana (*Chondrodendron tomentosum* Ruiz Et Pav.), mientras que otros alcaloides están más ampliamente distribuidos entre las familias de plantas (Buchanan *et al.*, 2015; Sharma, 2017).

1.2.5. Compuestos fenólicos

Los compuestos fenólicos vegetales varían mucho en tamaño y complejidad, pero todos generalmente poseen (o se derivan de compuestos que poseían) un anillo aromático de areno (fenilo) con al menos un grupo hidroxilo unido (**Figura 6**) (Caretto *et al.*, 2015). El grupo hidroxilo fenólico es ácido en comparación con otros grupos hidroxilo porque reside en un anillo de areno, que puede estabilizar fácilmente un sustituyente de oxígeno desprotonado. Como resultado, los compuestos fenólicos son reactivos y adecuados para construir bloques de grandes polímeros, como ligninas o suberinas, y en la formación de un gran número de compuestos que desempeñan papeles importantes en muchos aspectos de la biología vegetal (Ncube y Staden, 2015).

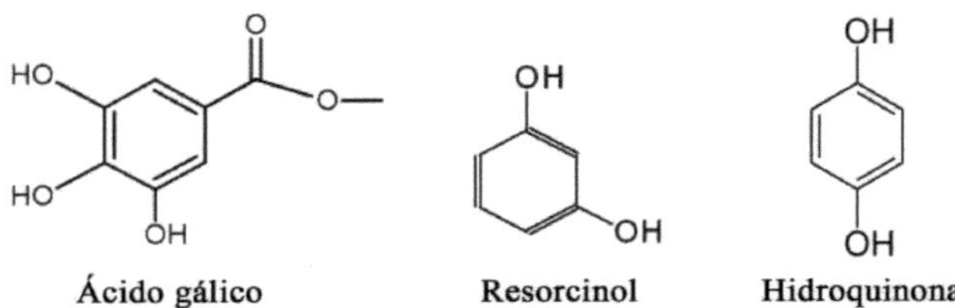

Figura 6. Estructura química de compuestos fenólicos simples.

Los compuestos fenólicos se pueden clasificar de acuerdo con los grupos funcionales unidos al fenol, o basados en el número de unidades de fenol en la molécula. Las subclases principales de compuestos fenólicos incluyen flavonoides, antocianidinas, isoflavonas, chalconas, estilbenos, cumarinas y furanocumarinas, monolignoles y lignanos, nafta y antraquinonas y diaril-heptanoides (Šaponjac *et al.*, 2016). Los compuestos fenólicos representan aproximadamente el 40% del carbono orgánico en las plantas y se derivan principalmente de los esqueletos de fenilpropanoide y acetato de fenilpropanoide, aunque también contribuyen las vías bioquímicas relacionadas, como las que conducen a taninos "hidrolizables" (Caretto *et al.*, 2015; Liu *et al.*, 2015).

1.3. Funciones ecológicas

Algunos productos del metabolismo secundario tienen funciones ecológicas específicas como atrayentes o repelentes de animales. Muchos son pigmentos que proporcionan color a flores y frutos, jugando un papel esencial en la reproducción atrayendo a insectos polinizadores, o atrayendo a animales que van a utilizar los frutos como fuente de alimento, contribuyendo de esta forma a la dispersión de semillas. Otros compuestos tienen función protectora frente a predadores, actuando como repelentes, proporcionando a la planta sabores amargos, haciéndolas indigestas o venenosas (Ibanez *et al.*, 2012).

Muchos terpenos son pegajosos, aceitosos, y con olor desagradable, lo que le confiere propiedades repelentes. Entre ellos se encuentra el triterpeno azadirachtina, aislado del aceite de la semilla *Azadirachta indica* (L.) A. Juss., que es un poderoso repelente de insectos por sus efectos tóxicos (Babu *et al.*, 2016). Este complejo y altamente oxigenado terpenoide es utilizado desde hace siglos por los granjeros indios como protector de plagas. Debido a su baja toxicidad en mamíferos, la azadirachtina es considerada como una alternativa potencial para el control de plagas de insectos en la agricultura y la jardinería (Saha *et al.*, 2016).

Los mono y sesquiterpenos son generalmente compuestos volátiles y son el principal constituyente de hierbas y especias, como albahaca, orégano, menta, bahía, perejil y eneldo. Estos compuestos también sirven como defensa frete a herbívoros masticadores. Ellos son almacenados en pelos glandulares o cavidades secretoras en las hojas o los frutos y son volatilizados cuando el tejido es masticado (Chadwick *et al.*, 2013). Los terpenoides se volatilizan a partir del follaje de casi todas las especies de plantas investigadas, especialmente después de la alimentación de insectos. En este sentido, las plantas de maíz (*Zea mays* L.), algodón (*Gossypium hirsutum* L.), *Phaseolus lunatus* L., y *Arabidopsis* responden al daño por herbívoros emitiendo una mezcla de monoterpenos y sesquiterpenos (Saha *et al.*, 2016). Estos compuestos repelen herbívoros perjudiciales y atraen herbívoros beneficiosos, como son parásitos de gusanos y artrópodos predadores.

Los hemiterpenos isoprenos y varios monoterpenos son emitidos por muchos *taxa* de plantas, especialmente especies leñosas, en cantidades sustanciales y tienen impacto en los niveles de ozono, monóxido de carbono y otros gases de la atmosfera (Kourtchev *et al.*, 2016). Además, en las plantas los isoprenos y monoterpenos protegen del estrés térmico y oxidativo (Hakola *et al.*, 2017).

El contenido total de glicósidos cianogénicos de una planta típicamente muestra cambios diurnos. En las hojas del árbol de caucho (*Hevea brasiliensis* (Willd. ex A. Juss.) Müll. Arg.) y en *M. esculenta*, los glicósidos cianogénicos son constantemente degradados y resintetizados. Los niveles son más altos al amanecer, disminuyen rápidamente al exponerse a la luz solar y se restablecen después del atardecer y durante la noche (Fang *et al.*, 2016). La capacidad de cambiar los glicósidos cianogénicos sin la liberación de componentes tóxicos proporciona una vía para su uso como transportadores de larga y corta distancia de nitrógeno y glucosa reducidos. Esto se demostró por primera vez en estudios con *H. brasiliensis*, donde el transporte de glicósidos cianogénicos amortigua el suministro de nitrógeno y glucosa durante el desarrollo de las plántulas y en el proceso de regeneración del látex después del corte de la corteza (Buchanan *et al.*, 2015).

En algunas especies de plantas cianogénicas como el trébol blanco (*Trifolium repens* L.), existen cultivares naturales que no son cianogénicos (acianogénicos), ya sea porque no pueden sintetizar glucósidos cianogénicos *de novo* o porque no pueden degradarlos

(Kolodziejczyk-Czepas, 2016). Las plantas cianogénicas y acianogénicas coexisten, pero con un cambio en la prevalencia de un año a otro, lo que refleja fluctuaciones en los principales estreses ambientales. En general, las plantas cianogénicas dominan en estaciones con fuertes ataques de herbívoros generalistas *e.g.* caracoles, que evitan comerlos, y las plantas acianógenas dominan en climas más fríos y se benefician de los compromisos de asignación de recursos cuando el ataque con herbívoros es mínimo. Por lo tanto, la presencia de glucósidos cianogénicos ofrece posibilidades adicionales para afinar el metabolismo de las plantas y adaptarse al estrés ambiental (Proietti *et al.*, 2015; Zidenga *et al.*, 2017).

El estrés abiótico, como la salinidad, la sequía, las temperaturas extremas, la luz y la privación de nutrientes, alteran los perfiles de glucosinolatos en las plantas a través de diferentes mecanismos, donde pueden estar implicadas distintas moléculas de señalización. La estrecha relación entre algunos procesos fisiológicos bajo estrés abiótico y el metabolismo del glucosinolato sugiere que estos metabolitos secundarios pueden tener papeles auxiliares asociados a estos eventos fisiológicos. La intensidad y duración del estrés abiótico, así como la etapa de desarrollo de la planta en el momento del estrés impuesto, son factores importantes en la acumulación de cada glucosinolato específico. Este hecho condiciona las interacciones planta-patógeno subsiguientes, donde la disponibilidad de agua de la planta influye de forma decisiva en la alimentación de herbívoros o el ataque de patógenos (Martínez-Ballesta *et al.*, 2013).

Los alcaloides también han sido bien estudiados con respecto a la función ecoquímica. La pirrolizidina, frecuentemente encontrada en miembros de las familias *Asteraceae* y *Boraginaceae*, hace que la mayoría de estas plantas sean tóxicas para los mamíferos (Hodaj *et al.*, 2016; Orfanou *et al.*, 2016). En el género *Senecio*, el N-óxido de senecionina se sintetiza en raíces y se trasloca a través de la planta. En especies como *Senecio vulgaris* L. y *Senecio. vernalis* Franch., el 60-80% de los alcaloides pirrolizidina se acumulan en las inflorescencias. Los miembros del género *Senecio* son responsables de intoxicaciones del ganado y también representan un riesgo potencial para la salud de los seres humanos (Quinn *et al.*, 2014).

La pirrolizidina, sintetizada naturalmente, es inofensiva pero se vuelve altamente tóxica cuando es transformada por monooxigenasas del citocromo P450 en el hígado. Por otra parte, varias especies de insectos se han adaptado a los alcaloides de pirrolizidina que se acumulan en las plantas y han desarrollado mecanismos para el uso de estos alcaloides en beneficio propio (Cheng *et al.*, 2017). Algunos insectos pueden alimentarse de plantas productoras de pirrolizidina y eliminar eficaz y eficientemente los alcaloides después de la modificación enzimática, tales como la formación de derivados de N-óxido. Otros insectos no sólo se alimentan de estas plantas, sino que también almacenan estos alcaloides para su propia defensa o convierten los alcaloides ingeridos en feromonas que atraen a los posibles compañeros (Saha *et al.*, 2016).

El alcaloide quinolizidina está presente principalmente en el género *Lupinus* y se refieren a menudo como alcaloides del altramuz; son tóxicos para los animales de pastoreo, particularmente para las ovejas (Quinn *et al.*, 2014). La mayor incidencia de pérdidas de ganado atribuibles al envenenamiento por alcaloides de altramuz se produce en otoño durante la etapa de mantenimiento de las semillas del ciclo de vida de las plantas. Es precisamente en las semillas donde se acumulan mayores cantidades de estos alcaloides. Debido a su sabor amargo, los alcaloides del lupino también pueden funcionar como disuasión alimentaria. Dada una población mixta de altramuces dulces y amargos, los conejos y las liebres comen fácilmente la variedad dulce libre de alcaloides y evitan la variedad amarga acumulativa de alcaloides del lupino, lo que indica que los alcaloides del lupino pueden reducir la herbivoría, funcionando tanto como disuasivos amargos y como toxinas (Ain *et al.*, 2016). De forma general, los alcaloides son considerados como una parte del sistema de defensa químico de la planta, que evolucionó bajo la presión de selección de la depredación (Chowanski *et al.*, 2016).

Los compuestos fenólicos también han contribuido, en gran medida, a la adaptación ecológica de las plantas al ambiente terrestre. La evolución de la vía del fenilpropanoide-acetato, presente en la más primitiva de las plantas terrestres, así como en muchas algas, ayudó a superar el primero de los desafíos de este ambiente, el daño por la radiación UV, que fue enfrentada por las plantas incluso antes de salir del agua (Buchanan *et al.*, 2015). Esta vía conduce a la producción de una gran y diversa clase de compuestos fenólicos, los flavonoides, que tiene más de 5 000 miembros. Los flavonoides, como la quercetina, consisten en una estructura básica de un núcleo de tres anillos que se modifica para producir subclases como las antocianinas (pigmentos), proantocianidinas o taninos condensados (disuasivos de la alimentación y protectores de la madera), los isoflavonoides (activos en la defensa de la planta y la señalización) y las flavonas y flavonoles (agentes antiinflamatorios en animales) (Zhang y Tsao, 2016). Los flavonoides más básicos, como las flavonas, flavonoles y flavanones, están muy extendidos en el reino vegetal y por lo general absorben rayos UV dañinos (Kasote *et al.*, 2015).

El segundo desafío fue enfrentarse a un ambiente de desecación. Esto fue superado no sólo por el desarrollo de la cutina y la cutícula en la epidermis (derivada de las vías de ácidos grasos), sino también por el desarrollo de la vía fenilpropanoide y la producción de una clase de compuestos conocidos como suberinas, que son polímeros mixtos de restos fenólicos (más hidrófilos) y alifáticos (hidrófobos) (Liu *et al.*, 2015). La suberina juega un papel crítico en el peridermo de las raíces y en la corteza proporcionando una barrera hidrófoba para prevenir la pérdida de agua (Ranathunge *et al.*, 2016).

El tercer desafío, las fuerzas opuestas de la gravedad y la necesidad de crecer más alto para competir con los competidores por la luz del sol, fue superado también por el desarrollo de la vía del fenilpropanoide y el desarrollo de la lignina. La lignina es un constituyente polifenólico complejo de las paredes celulares de las plantas vasculares, que representan el 18-35% de la biomasa (Mottiar *et al.*, 2016). Es un elemento crucial de la conducción del agua y de los sistemas de defensa de las plantas en las traqueófitas, y contribuye significativamente a la resistencia a la compresión de los tejidos secundarios del xilema (Contro *et al.*, 2016). En consecuencia, la lignificación del sistema vascular representa un hito evolutivo importante para las plantas terrestres. La lignina es una macromolécula reticulada formada por monómeros de monolignol. Proporciona el "cemento" a la estructura similar a una barra de celulosa en paredes celulares especializadas, tales como fibras, traqueidas y vasos que permiten que las plantas soporten su peso sobre la tierra y transporten agua y minerales desde las raíces hasta las hojas, incluso en los árboles más altos (Zheng *et al.*, 2017).

Otro desafío que las plantas tienen es la necesidad de enfrentar varias formas de estrés abiótico y biótico (disuadir herbívoros y patógenos), manteniendo un hábito de crecimiento sésil. Esto se ha logrado mediante la elaboración de varias otras subclases de compuestos que proporcionan una defensa química por ser antiherbívoras, insecticida, antifúngica, bactericida y bacteriostática, alelopática o de otra naturaleza tóxica (Ibanez *et al.*, 2012). Entre ellos encontramos los estilbenos, cumarinas y furanocumarinas, que derivan de fenilpropanoide-acetato y disminuyen la herbivoría, inhiben la germinación de las semillas o disuaden los patógenos bacterianos o fúngicos (Caretto *et al.*, 2015).

Otros compuestos derivados de los fenilpropanoides, tales como los diarilheptanoides y similares como gingeroles y fenilfenonas, proporcionan colores, propiedades organolépticas y valor medicinal a los seres humanos, pero también juegan papeles defensivos o actúan como atrayentes de polinizadores o dispersantes de semillas en diversos grupos de plantas (Bandoly *et al.*, 2016). Los compuestos fenólicos volátiles, derivados de la vía del fenilpropanoide como el fenilacetaldehído y el eugenol, funcionan en la atracción de los polinizadores, la dispersión de las semillas y la protección contra el ataque de herbívoros y patógenos. Tales compuestos también contribuyen a los aromas y los sabores que hacen a tales productos vegetales altamente estimados en todo el mundo (Sharma *et al.*, 2016).

1.4. Participación en la defensa de las plantas

Las plantas se caracterizan por ser organismos sésiles, por lo que están obligadas a discriminar entre los diferentes retos que les plantea su entorno y responder a ellos. Estas respuestas a su ambiente biótico y abiótico les permiten la mejor distribución de sus recursos para crecer, reproducirse y defenderse (Moore *et al.*, 2014).

Las plantas han desarrollado diversas estrategias de defensa contra condiciones de estrés biótico y abiótico. Para defenderse del daño ocasionado por heridas y el ataque por insectos o microorganismos patógenos, las plantas sintetizan enzimas que degradan la pared celular de los microorganismos o que tienen la capacidad de inactivar toxinas de origen microbiano (Piasecka *et al.*, 2015). La composición y estructura de la pared celular vegetal también cambian, formando una barrera más rígida y menos digerible para insectos (Liu *et al.*, 2016). Estas respuestas de defensa a su vez se combinan con el desarrollo de estructuras contra sus depredadores, como las espinas, las espigas, los tricomas y los pelos glandulares. Así mismo, y como parte de la protección química, las plantas producen metabolitos secundarios con actividad antimicrobiana, en contra de herbívoros, o con actividad antioxidante (Kasote *et al.*, 2015). Una síntesis activa de metabolitos secundarios se induce cuando las plantas son expuestas a condiciones adversas tales como el consumo por herbívoros (artrópodos y vertebrados), el ataque por microorganismos (bacterias y hongos) y virus, la competencia por el espacio de suelo, la luz y los nutrientes entre las diferentes especies de plantas, y la exposición a la luz solar u otros tipos de estrés abiótico (Buchanan *et al.*, 2015).

Para evitar herbívoros y patógenos, los glicósidos cianogénicos en las plantas deben ser activados por β-glicosidasas para liberar HCN volátil tóxico, así como una cetona o aldehído (Proietti *et al.*, 2015). Esto demuestra que los compuestos de defensa de las plantas pueden ser almacenados en forma de moléculas no tóxicas que ante un estímulo determinado se activan, convirtiéndose en tóxicas, para proporcionar una respuesta de defensa química inmediata. Sin embargo, el éxito de este sistema de defensa pudiera estar relacionado con el nivel de glicósido cianogénico y con que la velocidad de liberación de HCN sea lo suficientemente elevada para bloquear la cadena de transporte de electrones mitocondriales en el organismo atacante en el sitio de unión al oxígeno de la citocromo c oxidasa (Buchanan *et al.*, 2015). La amargura producida por los glucósidos cianogénicos y los productos de su hidrólisis también puede impedir la alimentación de los herbívoros (Proietti *et al.*, 2015).

Las plantas cianogénicas varían su contenido de glicósidos cianogénicos, debido a la ontogenia de la planta, la edad de la hoja y las condiciones ambientales. La biosíntesis de los glucósidos cianogénicos se produce principalmente en los tejidos jóvenes y en desarrollo, y los niveles encontrados en las partes más viejas de las plantas generalmente disminuyen, ya que la biosíntesis *de novo* avanza a una tasa baja o no se mantiene con la ganancia neta de la biomasa total (Proietti *et al.*, 2015). Un estrés ambiental como la sequía puede inducir la producción de glucósidos cianogénicos. Esto significa que una misma especie de planta puede ser inofensiva o tóxica para un herbívoro, en dependencia de las condiciones ambientales. Así, en muchos casos la cianogénesis proporciona un sistema de defensa general eficaz (Zidenga *et al.*, 2017).

Se estima que los sistemas de defensa de plantas basados en cianogénesis tienen 400 millones de años de antigüedad. Algunos hongos y herbívoros han coevolucionado y contrarrestan y explotan las defensas basadas en la cianogénesis para sus propios beneficios. Los hongos patógenos de plantas cianogénicas pueden tolerar HCN basándose en el uso de oxidasas alternativas resistentes al cianuro y la transformación metabólica eficiente del HCN en formamida mediante una reacción catalizada por la hidroxilamida de formamida. Además, la hidrólisis de la formamida proporciona al hongo amoníaco como fuente de nitrógeno reducido (Ferroni *et al.*, 2017).

Algunas especies de plantas altamente cianogénicas son más susceptibles a la infección por hongos que otras con potencial reducido de cianuro. En la interacción entre *H. brasiliensis* y el hongo *Microcyclus ulei* (Henn.) Arx., el glicósido cianogénico principal es la linamarina, y *M. ulei* es tolerante a los niveles de HCN liberados durante el desarrollo de la enfermedad (Moraes *et al.*, 2014). En los cultivares del árbol de caucho, altamente cianogénicas, los niveles acumulados de HCN libre en las hojas alteran la defensa general de la planta inhibiendo la formación de la fitoalexina escopoletina y muy probablemente también inhibiendo la actividad de las peroxidasas y polifenoloxidasas (Buchanan *et al.*, 2015).

Algunos artrópodos también son capaces de hacer frente y en algunos casos se benefician o incluso dependen de la presencia de glucósidos cianogénicos en las plantas hospedante. Los glucósidos cianogénicos derivados de plantas en el artrópodo o la síntesis *de novo* de los mismos compuestos proporciona al artrópodo un sistema de defensa contra sus propios depredadores (Yamaguchi *et al.*, 2017).

El papel de los alcaloides como defensa química en las plantas se debe a su amplia gama de efectos fisiológicos sobre los animales y por las actividades antibióticas que poseen muchos. Varios alcaloides son también tóxicos para los insectos o funcionan como alarma. La nicotina encontrada en el tabaco (*Nicotiana* sp.), fue uno de los primeros insecticidas utilizados por los seres humanos y uno de los más eficaces. Los herbívoros estimulan la biosíntesis de nicotina en plantas de tabaco silvestre (Moore *et al.*, 2014). Otra toxina efectiva contra insectos es la cafeína, encontrada en las semillas y hojas del cacao (*Theobroma cacao* L.), del café (*Coffea arabica* L.), de la cola (familia *Malvaceae*), del mate (*Ilex paraguariensis* A. St.-Hil.) y del té (*Camellia sinensis* (L.) Kuntze) (Vega *et al.*, 2015). Con una concentración dietética muy inferior a la que se encuentra en los granos de café o las hojas de té, la cafeína produce la muerte de casi todas las larvas del gusano del tabaco (*Manduca sexta*) en 24 h, principalmente mediante la inhibición de la fosfodiesterasa que hidroliza el AMP cíclico (Kumar *et al.*, 2014). El alcaloide esteroideo α-solanina, un inhibidor de la colineasterasa encontrado en el tubérculo de la papa (*Solanum tuberosum* L.), se piensa que sea el componente en traza tóxica responsable de la teratogenicidad de los brotes de la papa (Piiroinen *et al.*, 2013).

Existen evidencias de que los alcaloides forman parte del sistema de defensa químico de muchas plantas, tal es el caso de la nicotina en el tabaco (*Nicotiana tabacum* L.). Las especies silvestres de tabaco son altamente tóxicas para el gusano *M. sexta*. La alimentación de las larvas de *M. sexta* en su hospedante, *Nicotiana attenuata* Torr. ex S. Watson, provoca respuestas en la planta que se diferencian de la inducida por el daño mecánico. El daño mecánico induce la acumulación de la hormona vegetal ácido jasmónico en la hoja dañada, y produce la acumulación de nicotina en toda la planta. La alimentación del gusano en el tabaco produce concentraciones más altas de ácido jasmónico foliar que las heridas mecánicas, sin embargo, las concentraciones de nicotina en las plantas no son superiores a los que se producen cuando ocurre daño mecánico. La alimentación del gusano interfiere en la acumulación de nicotina en toda la planta, y parece que la hormona vegetal etileno es específicamente inducida por los gusanos herbívoros. La interacción entre el ácido jasmónico y el etileno regula la biosíntesis de nicotina y la acumulación que resulta del ataque de insectos en las plantas de tabaco (Moore *et al.*, 2014).

Aún quedan muchos aspectos desconocidos sobre el papel potencial de los polifenoles en la señalización endógena de las plantas. Estos compuestos son sintetizados localmente por células o tejidos especializados en momentos específicos desencadenados por procesos de desarrollo o factores de estrés (Kennedy, 2014). A menudo son transportados activamente a largas distancias en la planta, convirtiéndose en "componentes integrales de la maquinaria de señalización de la planta", funcionando tanto como moléculas de señalización propiamente como interfiriendo con la actividad de otras moléculas de señalización. Los flavonoides desempeñan papeles de señalización celular en la germinación y la latencia del polen, el movimiento transmembranal de auxinas, el proceso de nodulación que permite la colonización de los sistemas radiculares por las bacterias simbióticas y el proceso de lignificación (Lam *et al.*, 2017).

1.5. Otras funciones

Aunque gran parte de los medicamentos se obtienen por síntesis química, la mayoría de las estructuras principales están basadas en productos naturales. Mundialmente, existe un 44% de nuevos medicamentos basados en productos naturales y en países desarrollados, el 25% de los medicamentos son derivados de plantas (Futamura *et al.*, 2017). Se conoce que en la producción de medicamentos, el 11% representa productos naturales (extractos de plantas), 24% son productos de origen natural, es decir que para la síntesis de compuestos se utilizan precursores de origen natural y el 9% son copias sintéticas de productos naturales. Tal es su importancia que, aproximadamente, el 60% de compuestos anticancerígenos y el 75% de medicamentos contra enfermedades infecciosas son productos naturales o derivados de estos (Turkson, 2017).

Los terpenoides son usados como saborizantes y aromatizantes de comidas, bebidas, jabones, perfumes y otros productos. Algunos son utilizados en la industria de los materiales (resinas y caucho) o pigmentos (carotenoides) y otros son muy valorados como insecticidas por su baja toxicidad en los seres humanos y el menor daño al ambiente (Buchanan *et al.*, 2015). Muchos terpenoides también tienen importancia nutricional y farmacéutica, incluyendo las vitaminas A, D, E y K. El taxol, diterpeno aislado de *Taxus brevifolia* Nutt., se ha utilizado en el tratamiento del cáncer de ovario y de mama (Kiran *et al.*, 2017). Varios sesquiterpenos lactonas tienen propiedades antiinflamatorias, antimalaria, anticancerígenas, entre otras (Chadwick *et al.*, 2013). Los cardenólidos (triterpenos como la digitoxigennina), extraidos de *Digitalis lanata* Ehrh., se han prescripto en millones de pacientes para el tratamiento de enfermedades cardiacas (Razak *et al.*, 2017). Además, muchos aceites esenciales aislados de plantas cuyo componente principal son los terpenoides, tienen propiedades antimicrobianas (Swamy *et al.*, 2016).

Muchas plantas que contienen alcaloides se usan como medicamentos recetados. Uno de los alcaloides más prescripto es la codeína antitusiva y analgésica de la adormidera (*Papaver somniferum* L.) (Alagoz *et al.*, 2016). Los alcaloides de las plantas también se han utilizado como modelos para las drogas sintéticas modernas, como el alcaloide tropano atropina para la tropicamida, utilizada para dilatar la pupila durante los exámenes oculares y el alcaloide quinolínico antimalárico derivado de indol para la cloroquina (Tuenter *et al.*, 2016). Además, los alcaloides aislados de *Atropa belladonna* L. que se utilizan en la dilatación de la pupila (da Silva, 2017) y la aspirina, utilizada como analgésico y para prevenir infartos y trombos, es un derivado del ácido salicílico que se encuentra naturalmente en las especies del género *Salix* (Suh *et al.*, 2016).

Las propiedades aromáticas, saborizantes y estimulantes de la mayor parte de las especias, condimentos, infusiones y bebidas como el café, el té y el chocolate se les atribuyen a metabolitos secundarios farmacológicamente activos, como los alcaloides cafeína, teofilina y teobromina (Kim *et al.*, 2016). Las aplicaciones farmacéuticas de estos compuestos son considerables, pues se refieren sus efectos como analgésicos, antibacterianos, antihepatotóxicos, antioxidantes, antitumorales, inmunoestimulantes, entre otras (Guamán *et al.*, 2014).

Los flavonoides pueden unirse a los polímeros biológicos, tales como enzimas, transportadores de hormonas, y ADN. Además, pueden quelar iones metálicos transitorios, tales como Fe2+, Cu2+, Zn2+, catalizar el transporte de electrones, y depurar radicales libres (Zeraik *et al.*, 2014; Mojzer *et al.*, 2016). Sus efectos citoprotectores son potentes en los fibroblastos de la piel humana, queratinocitos, células endoteliales y ganglios sensoriales. Diversos flavonoides son eficientes en la eliminación de los procesos de peroxidación lipídica del ácido linoleico o de los fosfolípidos de las membranas, la peroxidación de los glóbulos rojos o la autooxidación de los homogeneizados de cerebro en seres humanos (Kennedy, 2014).

Además, se ha comprobado la potente capacidad de los flavonoides de inhibir *in vitro* la oxidación de las lipoproteínas de baja densidad (LDL) por los macrófagos y reducir la citotoxicidad de las LDL oxidadas (Gupta *et al.*, 2016). Del mismo modo, se ha demostrado que la quercetina puede inhibir el crecimiento de varias células cancerosas y su ingestión puede inhibir la agregación plaquetaria en los seres humanos, reduciendo así el riesgo de enfermedades cardiovasculares (Kennedy, 2014; Tsanko *et al.*, 2014).

En ensayos clínicos, se ha comprobado que la administración profiláctica de flavonoides disminuye la producción de radicales libres en la reperfusión después del *bypass* en cirugía de reemplazo vascular (Weiss *et al.*, 2014). En estudios epidemiológicos se ha demostrado que con el consumo incrementado de frutas y vegetales se experimenta una reducción del 50% en el riesgo de cánceres digestivos y de las vías respiratorias (Karppinen *et al.*, 2016). Así, la genisteína bloquea el desarrollo de tumores al prevenir la formación de nuevos vasos, impidiendo con ello la llegada del oxígeno y nutrientes a las células neotumorales (Turkson, 2017).

También, los flavonoides modulan la reacción de los estrógenos ligándose a sus receptores, con lo que disminuye el riesgo de cáncer de mama (Mojzer *et al.*, 2016). De igual forma, pueden inhibir monooxigenasas dependientes del citocromo P-450, lo que indicaría un papel potencial en la regulación de la activación de carcinógenos (Steuck *et al.*, 2016), y que chalconas y flavononas en concreto son inductoras de las quinonas reductasas y podrían tener un papel preventivo en la progresión de los hematomas (Gupta *et al.*, 2016).

2. Técnicas de extracción de metabolitos secundarios

Los extractos de plantas son obtenidos a partir del fraccionamiento del material pulverizado de los órganos de la misma, mediante varios procesos de extracción y la composición de estos va a depender de la muestra botánica en particular, las condiciones experimentales y las propiedades fisicoquímicas de los compuestos (Palma *et al.*, 2013). La complejidad del metabolismo de las plantas proporciona un gran número de moléculas, por lo que los extractos obtenidos a partir de ellas no solo son muestras muy complejas, sino que su composición es muy variable de una extracción a otra (Seidel, 2012). Las investigaciones sobre los metabolitos secundarios han combinado tres tipos de tecnologías: 1) técnicas de separación y purificación (extracción, partición y cromatográficas); 2) métodos de elucidación estructural (espectroscopía, cristalografía de rayos X, entre otras); 3) ensayos biológicos. El fraccionamiento biodirigido constituye una plataforma exitosa para el aislamiento y caracterización de los constituyentes activos en la extracción de compuestos naturales (Pino *et al.*, 2013a). Sin embargo, esto requiere de múltiples pasos cromatográficos y tecnologías avanzadas como la resonancia magnética nuclear, espectrometría de masas, y el acoplamiento entre ellas.

La extracción es un paso muy importante en la obtención de extractos de plantas, pues los resultados finales dependerán de la eficiencia de este proceso. La concentración de los compuestos del extracto puede ser afectada por factores como el tipo de disolvente, la temperatura, el tiempo de contacto y el tamaño de las partículas. Debido a esto, es muy importante validar las técnicas de extracción para cada compuesto en particular (Palma *et al.*, 2013).

La temperatura de secado del material vegetal es otro de los factores que influyen en la concentración final de los metabolitos, para lo cual se recomiendan temperaturas inferiores a los 30 °C. En ocasiones, se sugiere que el material vegetal debe protegerse de la luz solar, pues pueden ocurrir transformaciones químicas de estos compuestos por exposición a los rayos UV (Cseke *et al.*, 2006; Palma *et al.*, 2013). Sin embargo, aún a estas temperaturas puede existir la pérdida de compuestos como los compuestos fenólicos. En este sentido, Aslam *et al.* (2010) informaron la pérdida del 40% del contenido de flavonoides totales y del 50% del contenido de quercetina en el material vegetal obtenido a partir de *Allium cepa* L.

A temperaturas por debajo de 30 °C, el tiempo de secado del material vegetal puede prolongarse hasta más de 10 días, en dependencia de las características de la planta. Sin embargo, se han obtenido extractos con actividad biológica en menor tiempo a temperaturas de secado de 60 °C (Winkelhausen *et al.*, 2005; Haouala *et al.*, 2008), o superiores a esta (Derbalah *et al.*, 2011; Bayaso *et al.*, 2013; Hernández-Herrera *et al.*, 2014).

El disolvente empleado durante la extracción también puede influir en la concentración de los metabolitos secundarios (Ajila *et al.*, 2011), lo cual se debe a que la solubilidad de estos compuestos es afectada por la polaridad de los disolventes. Por lo tanto, es difícil desarrollar un procedimiento de extracción para la obtención de todos los compuestos fenólicos de la planta (Palma *et al.*, 2013). La selección de la técnica de extracción de compuestos naturales no es simple, ya que cada una presenta ventajas y desventajas.

2.1. Técnicas convencionales de extracción de metabolitos

Las técnicas de extracción más convencional son las técnicas de extracción sólido-líquido, donde las más comúnmente usadas son la extracción por maceración, extracción por *Soxhlet* y la destilación (Ignat *et al.*, 2011; Barrera-Vázquez *et al.*, 2013; Palma *et al.*, 2013). La decisión de cuál de ellas emplear depende en gran medida de las condiciones del proceso en sí como son la temperatura, acción mecánica y el disolvente a emplear.

2.1.1. Extracción por maceración

En el proceso de extracción por maceración, el material vegetal pulverizado no tratado es colocado en un recipiente con el disolvente, donde permanecen en contacto por varias horas o días. Durante este tiempo, el material soluble es transferido desde la muestra solida al disolvente. Usualmente, la agitación incrementa la transferencia de masa por incremento de la turbulencia. Los dispositivos de agitación son usados frecuentemente en los procesos de extracción de partículas finas. Sin embargo, una agitación excesiva puede causar la desintegración de las partículas sólidas (Palma *et al.*, 2013).

Comúnmente, esta técnica se lleva a cabo a la temperatura del cuarto, pero en ocasiones puede incrementarse la temperatura para aumentar la eficiencia de la extracción. Sin embargo, esto puede traer como consecuencia la degradación de compuestos termosensibles (Chen *et al.*, 2016).

La extracción por maceración tiene como desventajas que requiere largos tiempos de extracción para obtener buenos rendimientos, varios pasos de evaporación del disolvente y gran cantidad de disolvente (Ajila *et al.*, 2011; Milic *et al.*, 2013; Porto *et al.*, 2013).

2.1.2. Extracción por *Soxhlet*

El clásico aparato *Soxhlet* fue diseñado por Franz von Soxhlet en 1879 y su uso se mantiene hasta la actualidad (Heleno *et al.*, 2015). Esta técnica produce mayores rendimientos que la extracción por maceración y se utilizan menores cantidades de disolvente (Palma *et al.*, 2013).

Varios disolventes se han utilizado para la extracción de compuestos activos a partir de las plantas. La extracción por *Soxhlet* se ha aplicado específicamente a extractos vegetales oleosos, para lo cual el disolvente comúnmente empleado es el hexano (Da Porto *et al.*, 2016). El hexano tiene aproximadamente 65 °C de temperatura de ebullición, esto lo hace capaz de extraer cualquier compuesto con temperatura de ebullición superior a 65 °C. Los aceites tienen elevada solubilidad en hexano, lo que permite su extracción y su recuperación posterior mediante destilación. La desventaja de la utilización de este disolvente es su alta toxicidad, por lo cual se han empleado con iguales fines otros tipos de disolventes sustitutos incluyendo alcoholes de mediana polaridad como el isopropanol y el etanol (de Ávila *et al.*, 2016).

Las mayores desventajas de la extracción por *Soxhlet* incluyen el uso de altas temperaturas, las cuales incrementan la posibilidad de degradación o cambios estructurales el compuestos termosensibles. Por otra parte, aunque el tiempo de extracción es menor que en la extracción por maceración se considera largo, al igual que la elevada cantidad de disolvente requerido; además, no se puede emplear la agitación como alternativa para disminuir el tiempo de la extracción (Palma *et al.*, 2013).

2.1.3. Destilación con agua y/o vapor

Para la extracción de compuestos altamente volátiles, como son los aceites esenciales, la destilación es la alternativa preferida. Esta es una de las técnicas más empleados a escala industrial para la obtención de compuestos volátiles a partir de plantas (Flor-Peregrín *et al.*, 2017).

Esta es una técnica simple donde se vaporizan o liberan compuestos volátiles a partir de una matriz sólida a altas temperaturas usando agua y/o vapor como agente de extracción. Éstos compuestos toman el calor del vapor, y mediante difusión se transportan a este. La fase de vapor resultante se enfría y se condensa antes de separar el agua y la fase orgánica, en base a su inmiscibilidad mutua. El aceite volátil constituye la fase superior en el decantador, mientras que la fase inferior está constituida por agua que contiene algunos compuestos hidrolizados, conocidos como hidrosol. Los compuestos presentes en el hidrosol generalmente le confieren un aroma agradable. Por lo tanto, puede ser utilizado en la formulación de lociones, jabones, aromatizantes ambientales, etc (Ciriminna *et al.*, 2016).

La destilación con agua/vapor se utiliza en gran medida porque presenta ventajas en comparación con otros procesos de extracción: 1) el método genera productos libres de disolventes orgánicos; 2) no hay necesidad de etapas de separación subsiguientes, ya que el aceite volátil es el producto final que sale del separador; 3) en escala industrial este método tiene una gran capacidad de procesamiento; 4) el equipamiento es barato; 5) existe un amplio *know-how* disponible para esta tecnología. Por otra parte, el proceso presenta algunos inconvenientes graves: 1) posible degradación térmica de los productos; 2) posible hidrólisis, especialmente para ésteres, lo cual es un problema extremadamente difícil de superar si se produce; 3) tiempos de extracción muy largos (1-5 h); 4) alto consumo de energía (Palma *et al.*, 2013).

2.2. Otras técnicas

Alternativamente a estas técnicas convencionales han surgido nuevas técnicas de extracción como son la extracción asistida por microondas, la extracción por fluido supercrítico, la extracción de alta presión de disolvente y la extracción asistida por ultrasonido, siendo esta última la más empleada (Ajila *et al.*, 2011; Dahmoune *et al.*, 2014; Heleno *et al.*, 2015). En general, estos son técnicas de extracción rápidas, de altos rendimientos y con bajo consumo de disolvente (Ignat *et al.*, 2011; Barrera-Vázquez *et al.*, 2013; Porto *et al.*, 2013).

2.2.1. Extracción asistida por microondas

El uso de la energía de microondas se mencionó por primera vez por en 1975. Inicialmente se empleó en el laboratorio para el tratamiento de diversas muestras biológicas con el objetivo de analizar trazas de metales. La primera patente de extracción de productos naturales usando esta técnica se obtuvo en 1995. Con el creciente interés de la tecnología verde, la extracción asistida por microonda constituye un método promisorio y una de las mejores técnicas para la extracción de compuestos a partir de material vegetal (Destandau *et al.*, 2013).

El principio del calentamiento usando la energía de microondas está basado en los efectos directos de las microondas en las moléculas. La transformación de la energía electromagnética en energía calórica ocurre por dos mecanismos: 1) conducción iónica; 2) rotación dipolar en el disolvente y en la muestra. En la mayoría de los casos, los dos mecanismos ocurren simultáneamente con cambios efectivos de la energía de microondas a la térmica (Chan *et al.*, 2016).

En el caso de la extracción a partir de muestras de plantas, el efecto de la energía microonda es fuertemente dependiente de la naturaleza del disolvente y de la matriz vegetal. En general, el disolvente seleccionado tiene alta constante dieléctrica, por lo que la energía de microonda es fuertemente absorbida. Sin embargo, en algunos casos, solo puede ser calentada la matriz vegetal y los solutos son redisueltos en un disolvente frio para prevenir la degradación de compuestos termolábiles (Ciriminna *et al.*, 2016).

El tratamiento del material vegetal con microondas durante la extracción puede incrementar el rendimiento de los metabolitos secundarios y los compuestos aromáticos. El calentamiento forzado del agua en el centro del material vegetal puede causar vaporización líquida de la célula, lo que puede conllevar a la ruptura de la pared y/o membrana celular. La mayoría de los metabolitos secundarios naturalmente se encuentran en la pared o el citoplasma de las células vegetales; la ruptura de la célula puede provocar la difusión de estos y facilitar la transferencia de masa al disolvente dentro del material vegetal y de los metabolitos secundarios dentro del disolvente, facilitando la extracción y disolución de los mismos en el disolvente (Destandau *et al.*, 2013). En este sentido, la extracción asistida por microondas difiere a la extracción por *Soxhlet,* la cual depende de una serie de procesos de premiación y solubilización para extraer los constituyentes intracelulares fuera de la matriz vegetal (Fernandez-Pastor *et al.*, 2017). Los primeros pasos experimentales en laboratorios se realizaron en sistemas construidos en hornos domésticos. Hoy existe equipamiento especializado con estos fines.

La extracción asistida por microondas ofrece varias ventajas comparado con las técnicas de extracción convencionales como son la extracción por *Soxhlet* y la maceración. La primera ventaja es sobre los volúmenes de la muestra a calentar lo que conlleva a la reducción del tiempo de extracción (hasta 30 min) y a la reducción en el consumo de disolvente. Además, la extracción asistida por microondas tiene una fuerte fuerza de penetración. Este es un método eficiente, donde se obtienen rendimientos similares o superiores a las técnicas convencionales para varios compuestos y matrices

(Song *et al.*, 2016). También, tiene como ventaja la reducción del consumo de disolvente y la exposición del hombre a los vapores de estos. En general, el costo del proceso es bajo, después de contar con el equipamiento.

Este tipo de extracción depende de varios parámetros como son la potencia, el tiempo de extracción, la composición y cantidad de disolvente, material vegetal, etc; debido a esto hay que ser muy cuidadoso y estandarizar muy bien el procedimiento de extracción para la regulación y el control de cada uno de estos parámetros con vistas a lograr los mejores rendimientos en función del compuesto de interés. Esto puede constituir la primera desventaja de la técnica por ser procesos tediosos y largos (Destandau *et al.*, 2013).

2.2.2. Extracción por fluido supercrítico

Esta técnica está basada en el uso de disolventes a temperaturas y presión por encima de su punto crítico. Esta técnica puede ser rápida, eficiente y un método limpio de extracción de productos naturales desde varias matrices. Las condiciones operacionales son fáciles de manejar con el objetivo de incrementar el poder de solvatación, por lo que esta tecnología constituye una buena opción para obtener buenos rendimientos de muestras vegetales (Mendiola *et al.*, 2013).

Cuando una determinada sustancia se encuentra a valores superiores a los de su punto crítico se le conoce como fluido supercrítico. Bajo estas condiciones no se licua por más que se aumente la presión ni se vaporiza por más que la temperatura se eleve. Por consiguiente, la fase líquida es indistinguible de la fase vapor. En este punto, la sustancia no puede considerarse ni como gas ni como líquido. Este comportamiento se ve reflejado en las características que poseen los fluidos supercríticos, ya que algunas de ellas son inherentes a los gases y otras a los líquidos (da Silva *et al.*, 2016).

La densidad de un fluido supercrítico es similar a la de los líquidos, lo que le confiere la característica de poseer un gran poder solvatante, mientras que la viscosidad es similar a la de los gases y la difusividad es superior a la de los líquidos, propiedades que favorecen la capacidad de penetración en matrices porosas y permitiendo con ello el agotamiento rápido y prácticamente total de los sólidos extraíbles (Płotka-Wasylka *et al.*, 2017).

La extracción supercrítica es una operación unitaria de transferencia de masa que se efectúa por encima del punto supercrítico del disolvente, similar a la extracción clásica, pero con la particularidad de utilizar como agente extractor un fluido supercrítico en lugar de un líquido. El proceso de extracción con fluidos supercríticos básicamente consiste de cuatro etapas (Mendiola *et al.*, 2013):

1. Etapa de presurización: se eleva la presión del gas a utilizar como disolvente a un valor por encima de su presión crítica. Esta operación se realiza por medio de un compresor o bomba.
2. Etapa de ajuste de temperatura: se remueve o adiciona energía térmica, ya sea con un intercambiador de calor, baños térmicos o resistencias eléctricas, para llevar el disolvente comprimido a la temperatura de extracción requerida, estado que está por encima de su temperatura crítica.
3. Etapa de extracción: se conduce el fluido supercrítico al extractor donde se encuentra la muestra o materia prima que contiene el soluto de interés.
4. Etapa de separación: el gas se descomprime a una presión inferior a la presión crítica, liberándose el soluto en un recipiente separador.

El CO_2 es el fluido supercrítico más utilizado debido a que es no tóxico, no inflamable, no corrosivo, incoloro, no es costoso, se elimina fácilmente, no deja residuos, sus condiciones críticas son relativamente fáciles de alcanzar y se consigue con diferentes grados de pureza. Además, se puede trabajar a baja temperatura y por tanto, se pueden separar compuestos termolábiles; se puede obtener a partir de procesos de fermentación alcohólica y ayuda a prevenir la degradación térmica de ciertos componentes químicos del alimento cuando son extraídos (da Silva *et al.*, 2016).

La instrumentación básica para poder realizar esta técnica debe estar compuesta por materiales que sean capaces de soportar altas presiones, típicamente superiores a 50 MPa. El equipamiento necesario es diferente en dependencia si la muestra es líquida o sólida. Esta técnica se ha sido empleado para extraer compuestos bioactivos a partir de plantas, desde compuestos fenólicos más polares a alcaloides, carotenoides y otros pigmentos y aceites esenciales (Mendiola *et al.*, 2013). Sin embargo, la aplicación industrial de esta técnica esta aún un tanto limitada, mayormente debido a que usualmente requiere un gran costo de inversión comparado con otras metodologías de extracción. Sin embargo, cuando el proceso es optimizado puede competir económicamente con el resto de las técnicas por los altos rendimientos de compuestos que se obtienen en muy poco tiempo (Adami *et al.*, 2017).

2.2.3. Extracción por alta presión de disolvente

Este método, también conocido como extracción de alta presión hidrostática, es novedoso para la extracción de productos naturales. Este método usa presiones operacionales extremadamente altas (de 100 a 600 MPa). Como ventaja se le atribuye que no requiere calentamiento adicional, los altos rendimientos, lo reducido del tiempo de extracción y el bajo consumo de disolvente y energía. Además, las bajas temperaturas a las que se realiza el proceso evitan la degradación térmica de los compuestos termolábiles y la pérdida de compuestos volátiles (Shouqin *et al.*, 2004).

El método de extracción de líquido presurizado, también conocido como extracción con disolvente a presión, extracción acelerada de disolvente o como extracción con disolvente mejorada, es otra técnica emergente que difiere del resto de las abordadas ya que típicamente se aplica temperaturas elevadas (hasta 200 °C). Cuando el agua es el disolvente usado, esta técnica se designa generalmente como extracción de agua caliente presurizada, extracción de agua subcrítica o extracción de agua sobrecalentada. La ventaja principal de esta técnica sobre la extracción de sólido-líquido convencional es el uso de densidades relativamente altas (puesto que el disolvente está en estado líquido, sin embargo, a temperaturas por encima de su punto de ebullición normal), lo que mejora la solubilidad y la transferencia de masa de compuestos diana (Braga *et al.*, 2013; Kryževičiūtė *et al.*, 2016).

Por lo tanto, el tiempo de extracción y el consumo de disolvente se reducen significativamente en comparación con otras técnicas de extracción con disolventes. La posibilidad de utilizar mezclas de disolventes líquidos, presentando diferentes polaridades y por lo tanto con capacidades distintas para establecer interacciones específicas con compuestos diana, así como la posibilidad de disolver varios aditivos de extracción útiles en estos disolventes / mezclas, hace que este método sea una técnica de extracción versátil ya que permite la extracción selectiva de diferentes compuestos de la misma matriz. También, pueden derivarse ventajas adicionales de la utilización de los llamados líquidos dilatados con gas como disolventes de extracción *e.g.* la disolución de CO_2 en agua o en un disolvente orgánico. En este caso, la disminución del pH en el medio de extracción que sigue a la generación *in situ* de ácido carbónico y alquílico-carbónico puede aumentar la permeabilidad de la membrana celular de la planta y por lo tanto los rendimientos de extracción, así como conducir a la inactivación de enzimas y microorganismos no deseados (Bogdanovic *et al.*, 2016; Yusoff *et al.*, 2017).

2.2.4. Extracción asistida por ultrasonido

La extracción asistida por ultrasonido utiliza sonidos de alta frecuencia para formar lo que se conoce como burbujas de cavitación. Estas se crean en el ciclo de depresión de la onda por la presión negativa debido al ultrasonido. En el siguiente ciclo de compresión, las burbujas se ven obligadas a contraerse y, en consecuencia, implotan. Esta ruptura puede generar altas presiones y elevadas temperaturas en micropuntos del medio, lo que da lugar a ondas de choque. Los ultrasonidos pueden producir fragmentaciones y reducción del tamaño de partícula, lo que incrementa la superficie de contacto (Pingret *et al.*, 2013).

El ultrasonido provoca que vibren y se aceleren las partículas sólidas y líquidas. Como resultado, el soluto pasa rápidamente de la fase sólida al disolvente y, por tanto la transferencia de masa es elevada. Además, el ultrasonido facilita la rehidratación del tejido; si se utilizan materiales secos permite la apertura de poros, lo cual a su vez incrementa el transporte de masa de los constituyentes solubles por difusión y procesos osmóticos (Chemat *et al.*, 2017).

Dado el efecto que produce el ultrasonido sobre el material vegetal, este tipo de extracción presenta como ventaja sobre otras técnicas de extracción un alto rendimiento de extracción en un período de tiempo corto, así como la extracción a temperatura ambiente. Tiempos de extracción entre 15 y 30 min permiten el aumento gradual de la cavitación celular, lo que conlleva a la ruptura de las paredes celulares y un máximo rendimiento de la difusión de los metabolitos celulares a través de las membranas, sin provocar afectaciones a los compuestos de interés. En contraste, si se alarga el tiempo de ultrasonido, la incidencia de la propia técnica pudiera provocar la enlentización del proceso y el posible deterioro de los metabolitos, dada su interacción con los diferentes disolventes (Ya-Qin *et al.*, 2009).

La instrumentación es relativamente sencilla; se requiere un baño ultrasónico o con electrodos. Es una técnica fácil de implementar a escala industrial, por lo que es una de las más empleada (Ajila *et al.*, 2011; Dahmoune *et al.*, 2014; Heleno *et al.*, 2015). A diferencia de las técnicas convencionales, mediante la extracción asistida por ultrasonido se obtienen buenos rendimientos, con menores cantidades de disolvente y en corto tiempo (Kowalski *et al.*, 2014; García-Castello *et al.*, 2015; Heleno *et al.*, 2015).

3. Metabolitos secundarios en el control de enfermedades causadas por hongos

3.1. Metabolitos secundarios con actividad antifúngica

Las plantas tienen la capacidad casi ilimitada de sintetizar compuestos químicos, como parte de su metabolismo secundario. En la mayoría de los casos, estos metabolitos son utilizados por la planta como un mecanismo de defensa frente a microorganismos, insectos o animales herbívoros. Algunos como los terpenos le confieren a la planta olor y sabor (*e.g.* la capsaicina), otros (quinonas y taninos) son responsables de la pigmentación y la mayoría tienen efecto antifúngico (Cseke *et al.*, 2006). Entre estos metabolitos con actividad antifúngica se destacan los fenoles, terpenos, aceites esenciales, alcaloides y saponinas (Upadhyay *et al.*, 2014).

Dentro de los compuestos fenólicos, los ácidos fenólicos simples, como los ácidos cinámico y cafeíco, tienen un elevado estado de oxidación, lo que los hace muy efectivos frente a los microorganismos (Hsieh *et al.*, 2015; Farhoosh *et al.*, 2016). Estos grupos de compuestos pueden ocasionar la inhibición de enzimas y la oxidación de otras biomoléculas, mediante reacciones con grupos sulfihidrilos o a través de interacciones no específicas con las proteínas (Breitenbach *et al.*, 2015). Los flavonoides son compuestos polifenólicos cuya actividad antifúngica se ha determinado frente a diferentes hongos (Ammar *et al.*, 2013; Divya *et al.*, 2014; Hasegawa *et al.*, 2014). La actividad antimicrobiana de los flavonoides se debe a su capacidad de alterar las zonas hidrofóbicas e hidrofílicas de la membranas de los microorganismos, interfirieren con su fluidez, inhiben la síntesis de ADN y ARN e interactúan con proteínas quinasas (Santos Júnior *et al.*, 2014).

Las cumarinas también son compuestos fenólicos con actividad antifúngica (Arif *et al.*, 2011; Johann *et al.*, 2011; Čačić *et al.*, 2014). La actividad antimicrobiana de las cumarinas se debe a la interacción que tiene lugar entre la región hidrofílica de su estructura y el lado polar de las membranas de los microorganismos (Šarkanj *et al.*, 2013). Además, las cumarinas pueden intercalarse en la estructura del ADN microbiano, con lo que interfieren en el proceso de síntesis proteica (Venugopala *et al.*, 2013).

Los terpenos y aceites esenciales pueden tener actividad antifúngica (Kedia *et al.*, 2014; Roselló *et al.*, 2015). Los mecanismos de acción de estos compuestos no están bien comprendidos, pero se especula que se involucran en ruptura de la membrana por asociación con compuestos lipofílicos (Siddiqui *et al.*, 2013; Freires *et al.*, 2014; Kusumoto *et al.*, 2014).

Los alcaloides son compuestos con nitrógenos comúnmente heterocíclicos, cuya extracción es posible tanto en agua como en disolventes orgánicos (Xiao *et al.*, 2014). Varios de estos compuestos han mostrado actividad antifúngica frente a patógenos de plantas (Shoeb *et al.*, 2013; Cretton *et al.*, 2016; Wang *et al.*, 2016). Esta actividad se atribuye a que los alcaloides pueden intercalarse en el ADN de los microorganismos, e inducir apoptosis (Hu *et al.*, 2014).

Las saponinas están formadas por una aglicona de origen terpénico, esteroidal o esteroidal alcaloide, al cual se une, por un grupo hidroxilo, una cadena ramificada de azúcar (Sadeghi *et al.*, 2013). Varias saponinas de extractos de plantas tienen actividad antifúngica (Karimi *et al.*, 2013; Njateng *et al.*, 2015). Esta inhibición es posible debido a que las saponinas bloquean sitios activos en los receptores de las hifas de los hongos y son capaces de formar complejos con los esteroles presentes en las membranas de los microorganismos (Chapagain *et al.*, 2007), provocando estrés oxidativo (Teshima *et al.*, 2013) y quelación de metales (Joshi et al., 2013).

El uso excesivo e indiscriminado de fungicidas sintéticos en el tratamiento de enfermedades causadas por hongos en cultivos de interés económico ha originado graves problemas medioambientales y toxicológicos. Esta situación ha llevado a buscar nuevas estrategias para la protección de los cultivos frente al ataque de microorganismos fitopatógenos, cuya actividad, selectividad y seguridad ambiental sea la adecuada. Entre las estrategias de control de plagas y enfermedades se encuentra el uso de los extractos de plantas (Agrios, 2005), como solución alternativa a los problemas de Sanidad Vegetal (Buchanan *et al.*, 2015; Mohan *et al.*, 2015), en cultivos de interés económico como las hortalizas. Como se ha planteado anteriormente, las plantas presentan un elevado contenido de metabolitos con actividad antimicrobiana, tornándose en fuentes potenciales de compuestos que podrían ser empleados para su protección, tanto por su actividad antimicrobiana como por la inducción de resistencia (Burketová *et al.*, 2015).

3.2. Control del tizón temprano en *Solanum lycopersicum*

3.2.1. Origen y taxonomía de *Solanum lycopersicum*

El tomate, *Solanum lycopersicum* L. (1753) [syn. *Lycopersicon esculentum* Miller (1768)] (IPNI, 2015), es nativo de América. Su origen está en la región de los Andes de América del Sur, que comprende Perú, Ecuador, Bolivia, Colombia y Chile (Gómez *et al.*, 2000). Se introdujo en los Estados Unidos de América como una planta ornamental en 1711, pero su consumo comenzó aproximadamente en 1850. A partir del siglo XIX adquirió gran importancia económica, hasta llegar a ser la hortaliza más difundida y predominante en el mundo (Jaramillo *et al.*, 2007).

El tomate pertenece a la clase Magnoliopsida, orden Solanales, familia *Solanaceae* (Cronquist, 1988). El nombre propuesto para la especie ha sido objeto de discusión; Carl Linnaeus, en 1753, nombró al tomate como *Solanum lycopersicum* y 15 años después Philip Miller reemplazó este nombre por *Lycopersicon esculentum*. Esta denominación es ratificada en 1987 en el Congreso Internacional de Botánica celebrado en Berlín. Sin embargo, la polémica con respecto al nombre continúa debido a que existen diferencias entre estos dos géneros en cuanto a la dehiscencia del polen en la antera de la flor (Carravedo, 2006). En la actualidad se emplean ambos nombres indistintamente (Doménech-Carbó *et al.*, 2015; Dong *et al.*, 2015).

El tomate presenta altos contenidos de vitaminas, minerales y fibras. Cuando el fruto se encuentra maduro está compuesto principalmente por agua, la materia seca representa entre el 5-7,5%, aproximadamente. Los mayores constituyentes de la materia seca son los azúcares reductores, glucosa (22%) y fructosa (25%), seguidos de los ácidos cítrico (9%) y málico (4%), proteínas (8%), lípidos (2%) y aminoácidos (2%). Además, contiene grandes cantidades de hierro y fósforo. Esta hortaliza también posee metabolitos con actividad biológica como los compuestos fenólicos, carotenoides y vitaminas B, C y E, beneficiosos para la salud humana por sus propiedades antioxidantes (Palozza *et al.*, 2012).

En Cuba, las enfermedades que afectan el tomate son muy diversas y variadas, en ocasiones causan grandes pérdidas, si no se toman las medidas de control adecuadas. Entre las principales enfermedades causadas por hongos que afectan al tomate están las ocasionadas por *Alternaria solani* Sor. (Robles *et al.*, 2011).

3.2.2. Tizón temprano

Agente causal

El agente causal del tizón temprano en las solanaceas es *A. solani*, que provoca la destrucción relativamente lenta de los tejidos, y conlleva a la formación de lesiones necróticas (Agrios, 2005). Esta especie se agrupa en las siguientes categorías taxonómicas:

- Reino: Fungi
- Phylum: Ascomycota
- Clase: Dothideomycetes
- Orden: Pleosporales
- Familia: *Pleosporaceae*
- Género: *Alternaria*
- Especie: *A. solani*

El género *Alternaria* fue descrito en 1817. Su característica taxonómica más distintiva es la producción de conidios largos, de color oscuro (melanizados) con septos longitudinales y transversales (Rotem, 1994; Thomma, 2003). Debido a la ausencia de una fase sexual identificada para la gran mayoría de las especies de *Alternaria*, este género se clasificó en la división de los hongos mitospóricos (Lourenço Jr. *et al.*, 2009). El micelio de *A. solani* es ramificado y septado, los conidióforos son cortos y oscuros, y se pueden presentar individuales o agrupados. Los conidios se producen solamente por división nuclear mitótica. Los conidios son muriformes, de color marrón oscuro y presentan una prolongación filiforme, hialina, a menudo bifurcada (Nayyar *et al.*, 2014). El micelio y los conidios pueden permanecer viables en las hojas y tallos secos infectados durante un año o más. Los conidios son transportados por el viento y las salpicaduras de agua (Martínez *et al.*, 2007). Los conidios, una vez en contacto con las hojas del hospedante, germinan y se producen uno o más tubos germinales que penetran directamente a través de la epidermis mediante la formación de un apresorio o a través de los estomas o heridas (Pérez y Martínez, 1999; Thomma, 2003).

La colonización del hospedante es facilitada por enzimas que degradan la pared celular de las células de la planta y por toxinas, las cuales pueden ser hospedante específicas u hospedante no específicas dentro del género *Alternaria*. Las toxinas hospedante no específicas como el ácido alternárico, zinniol, antraquinonas, solanapironas A, B, C y alternasol A son las principales causantes de la acción fitotóxica de *A. solani*, al provocar el desacople del complejo de Golgi, inhibir la síntesis de proteínas e interferir en la permeabilidad de las membranas.

En general, este tipo de toxinas tienen un moderado efecto fitotóxico y actúan como un factor de virulencia e intensifican los síntomas de la enfermedad hasta llegar a producir la necrosis del tejido (Thomma, 2003; Nayyar *et al.*, 2014). Este síntoma es característico de la infección por microorganismos necrotróficos, y está asociado a la difusión de las toxinas (Chaerani y Voorrips, 2006; Nayyar *et al.*, 2014).

Sintomatología y epifitiología

El tizón temprano es una enfermedad que causa grandes pérdidas económicas en el cultivo del tomate. Esta enfermedad reduce el área fotosintética de la planta y en casos extremos puede conducir a la defoliación total de la misma (Sathiyabama *et al.*, 2014). Los síntomas pueden observarse en las hojas, los tallos, los pecíolos, los frutos y en la base de las plantas. En las hojas las manchas son circulares, pardas, de aproximadamente 1 cm de diámetro y con anillos concéntricos en números indefinidos. A medida que se desarrolla la enfermedad, las manchas se rodean de un halo clorótico y forman lesiones necróticas con anillos concéntricos de color marrón claro en toda el área foliar (Agrios, 2005). Las manchas se unen y forman áreas muy grandes que abarcan gran parte de los foliolos. Cuando esto ocurre, se produce defoliación y la muerte temprana de la planta. Generalmente, la enfermedad no afecta el transporte de agua o nutrientes a lo largo de la planta (Thomma, 2003).

Con el progreso de la enfermedad, el hongo puede infectar también los frutos y los tallos. En los frutos, los daños son menos frecuentes y se manifiestan en forma de manchas parecidas a las que aparecen en las hojas, pero parcialmente hundidas, de color pardo negruzco o negro que pueden llegar a cubrir gran parte del mismo; el tejido se apergamina y aparece una masa de conidios en la superficie. En el tallo aparecen manchas necróticas, con frecuencia alargadas. En general, los síntomas pueden aparecer en cualquier etapa fenológica del cultivo, pero el atizonamiento se produce fundamentalmente cuando comienza la fructificación. Las hojas más viejas son las primeras que resultan afectadas, mientras que las más jóvenes lo son a medida que alcanzan cierto grado de madurez fisiológica (Martínez *et al.*, 2007).

La temperatura favorable para el desarrollo de la enfermedad se encuentra en un rango entre 23-28 °C. La esporulación es favorecida por las noches húmedas y las bajas temperaturas, seguidas de días secos y temperaturas elevadas (Singh *et al.*, 2014). Generalmente, los tejidos debilitados, debido a la senescencia o heridas, son más susceptibles a la infección que los tejidos saludables (Thomma, 2003; Mitra *et al.*, 2014). El tizón temprano está presente en toda Cuba, y causa importantes daños en el cultivo del tomate, preferentemente cuando las plantas presentan deficiencias nutricionales e hídricas (Díaz *et al.*, 2014).

Manejo de la enfermedad

La protección de las plantas es una de las principales funciones que ejerce el Ministerio de la Agricultura en Cuba, el cual establece acciones y medidas, que permiten proteger los cultivos en un sistema de producción determinado. El Manejo Integrado de Plagas constituye una alternativa eficaz, de menor impacto ambiental y económico, además, de mayor salubridad de los productos agrícolas (Villasanti, 2013).

El manejo del tizón temprano es muy difícil, debido al amplio rango de hospedantes de *A. solani*, la variabilidad en los aislados patogénicos y el prolongado ciclo de la enfermedad (Singh *et al.*, 2014). Para alcanzar un adecuado manejo y control de la misma se deben combinar adecuadamente las medidas agrotécnicas, químicas y biológicas, así como conocer sus sintomatologías y condiciones que favorecen su aparición y desarrollo.

Medidas agrotécnicas

Para el manejo del tizón temprano se aplican medidas agrotécnicas como la rotación de cultivos con especies no hospedantes de *A. solani*, la utilización de posturas sanas, el uso de cultivares resistentes, el manejo adecuado del riego y drenaje, adecuada densidad de siembra y la eliminación de arvenses y de los residuos de cosechas (Rodríguez *et al.*, 2007; Villasanti, 2013). En el cultivo protegido se debe tener en cuenta el manejo de la humedad del suelo y del ambiente, saneamiento y destrucción de residuos, y una nutrición adecuada. Es muy importante sembrar sólo semillas certificadas, previamente desinfectadas y llevar a la plantación plántulas sanas y con buen desarrollo vegetativo (Casanova *et al.*, 2007).

Control químico

Tradicionalmente, la forma más empleada de manejo del tizón temprano ha sido por métodos químicos, los que se aplican a la semilla, al follaje y al suelo (Rajesh *et al.*, 2014; Sathiyabama *et al.*, 2014). Para la elección del fungicida a emplear es muy importante considerar la efectividad contra la enfermedad, su selectividad hacia los enemigos naturales, sus efectos secundarios, su persistencia o residualidad sobre el cultivo, su toxicidad para el hombre, entre otros factores (Martínez *et al.*, 2007).

Los fungicidas sintéticos que se emplean para el control de *A. solani* se diferencian en su nombre comercial, formulaciones y dosis a emplear según el fabricante. En el cultivo protegido es importante el cumplimiento del programa de aplicaciones preventivas semanales con fungicidas preventivos bien dosificados y con la solución final establecida, de acuerdo con la etapa fenológica del cultivo, unido a las aplicaciones oportunas, de fungicidas de acción curativa (Casanova *et al.*, 2007). En la tabla 1 se muestran los ingredientes activos más empleados y su modo de acción (preventivo o curativo) según el Comité de Acción y Resistencia a Fungicidas (FRAC, 2015).

Tabla 1. Características de los ingredientes activos en los fungicidas sintéticos más empleados en el control de *Alternaria solani* en tomate.

Ingrediente activo	Grupo químico	Modo de acción	Mecanismo de acción
Azoxistrobina	Metoxiacrilatos	Sistémico, preventivo y curativo	Respiración/ desacople del complejo III del citocromo *bc1*
Clorotalonilo	Cloronitrilo	Preventivo	Multisitio
Difenconazol	Triazol	Sistémico, preventivo y curativo	Inhibición de la biosíntesis de esteroles en la membrana/ C14-dimetilasa
Folpet	N-(triclorometil) tioftalimida	De contacto, preventivo y curativo	Multisitio
Mancozeb	Carbamato	De contacto, preventivo	Multisitio
Maneb	Ditiocarbamato		Multisitio
Oxicloruro de cobre	Sales de cobre	Preventivo	Multisitio
Procloraz	Imidazol	De contacto, preventivo y curativo	Inhibición de la biosíntesis de ergosterol en la membrana/ C14-dimetilasa
Propineb	Carbamato	De contacto, preventivo	Multisitio
Tebuconazol	Triazol	Sistémico de largo efecto residual, unisitio	Inhibición de la biosíntesis de ergosterol en la membrana/ C14-dimetilasa
Tetraconazol	Triazol	Sistémico, preventivo y curativo	Inhibición de la biosíntesis de ergosterol en la membrana/ C14-dimetilasa
Zineb	Carbamato	Preventivo	Multisitio

Los fungicidas difieren ampliamente en su naturaleza química, propiedades y modo de acción, siendo actualmente una herramienta importante dentro de cualquier cultivo, por lo que sus propiedades deben tenerse en cuenta para su aplicación. En dependencia del mecanismo de acción pueden catalogarse en compuestos antifúngicos de baja especificidad bioquímica o multisitio y alta especificidad bioquímica o unisitio. Los agentes de baja especificidad bioquímica son aquellos que actúan sobre varios componentes o procesos celulares. Los compuestos de alta especificidad bioquímica son aquellos que actúan solo sobre una única célula, componente o proceso celular (Lucas, 2009).

Los fungicidas de baja especificidad tienen una ventaja sobre los fungicidas de alta especificidad, pues estos últimos a menudo pierden su eficacia al pasar de los años. Generalmente, la eficacia de los fungicidas de alta especificidad es debido a la interacción con una sola enzima en el hongo, y una sola mutación puede provocar resistencia con su uso sostenido. La aplicación excesiva de estos fungicidas trae efectos nocivos al ambiente y al hombre, debido a la residualidad de sus componentes y que pueden generar resistencia en los microorganismos (Robles *et al.*, 2011; Sathiyabama *et al.*, 2014).

Control biológico

El control biológico constituye una alternativa para disminuir el uso de fungicidas sintéticos, así como los costos de producción del tomate, además de los daños provocados al ambiente (Sathiyabama *et al.*, 2014). Dos cepas de *Pseudomonas fluorescens* Migula y 14 cepas de *Bacillus* spp. demostraron su potencial como control biológico de *A. solani in vitro*, debido a la alta producción de quitinasa (Okumoto *et al.*, 2001). La bacteria *Burkholderia cepacia* Walter Burkholder también disminuye el grado de afectación y la incidencia de *A. solani* mediante este mismo mecanismo de acción, en plantas de tomate en organopónicos (Robles *et al.*, 2011).

El efecto inhibitorio en el crecimiento micelial de *A. solani* se ha demostrado con la cepa SY1 de *Bacillus subtilis* Cohn (Liu *et al.*, 2009), así como con *Trichoderma harzianum* Rifai, *Trichoderma viride* Pers. y *Trichoderma virens* (J. H. Mill., Giddens y A. A. Foster) Arx (Ganie *et al.*, 2013), *Alnicola* spp., *Laccaria fraterna* (Sacc.) Pegler, *Lycoperdon perlatum* Pers., *Pisolithus albus* (Cooke y Massee) Priest, *Russula parazurea* Jul. Schäff., *Scleroderma citrinum* Pers., *Suillus brevipes* (Peck) Kuntze y *Suillus subluteus* (Peck) Snell (Mohan *et al.*, 2015). También, se ha demostrado que el empleo de quitosana (polisacárido derivado de la quitina presente en el exoesqueleto de artrópodos y zooplancton marinos) ha reducido la severidad de la enfermedad, lo cual se ha atribuido a la activación de la respuesta de defensa en plantas de tomate (Sathiyabama *et al.*, 2014). Otra alternativa en el control del tizón temprano es el uso de extractos de plantas.

3.2.3. Uso de extractos de plantas en el control del tizón temprano

En la última década (2007-2016) han aumentado las investigaciones encaminadas a la búsqueda de extractos de diferentes especies de plantas, como alternativa en el control del tizón temprano. En este período, se han publicado más de 30 artículos, donde se han estudiado cerca de 141 especies de plantas (Tabla 3). En el 79% de estos artículos se ha evaluado el crecimiento micelial de *A. solani* en cultivos *in vitro* tratados con extractos de plantas, en el 18% se evaluó la germinación de los conidios en iguales condiciones y en el 15% el índice del tizón temprano en plantas de tomate tratadas con los extractos de las plantas.

La planta más utilizada es *A. indica* (árbol del Neem). La inhibición del crecimiento micelial de *A. solani* obtenida con extractos de esta planta fueron iguales o superiores al 70% (Aslam *et al.*, 2010; Nashwa y Abo-Elyousr, 2012; Shrivastava y Swarnkar, 2014). En condiciones de cultivo protegido, extractos de *A. indica* redujeron hasta un 55% el tizón temprano y en condiciones de campo hasta un 35% (Nashwa y Abo-Elyousr, 2012; Kumar *et al.*, 2013).

Tabla 3. Extractos de plantas con actividad antifúngica frente a *Alternaria solani.*

Extractos de plantas	Actividad antifúngica probada	Referencias
Extractos del mesocarpo del fruto de *Balanites aegyptiaca* Delile, de corteza de *Quillaja saponaria* Poir. y *Yucca schidigera* Ortgies	Inhibición del crecimiento micelial por el método de dilución en agar	(Chapagain *et al.*, 2007)
Extractos de *Trigonella foenum-graecum* L.	Inhibición del crecimiento micelial por el método de dilución en agar	(Haouala *et al.*, 2008)
Extractos de *A. indica* y *Melia azedarach* L.	Inhibición del crecimiento micelial por el método de dilución en agar. Reducción del índice de la enfermedad en plantas de tomate en condiciones semicontroladas	(Hassanein *et al.*, 2008)
Extractos de hojas y corteza de *Cinnamomum zeylanicum* Blume	Inhibición de la germinación de los conidios por el método de gota colgante	(Mishra *et al.*, 2009)
Extracto de hojas de *Tagetes erecta* L.	Inhibición del crecimiento micelial por el método de dilución en agar y de la germinación de los conidios por el método de gota colgante	(Pupo *et al.*, 2009)
Extractos de *Adhatoda zeylanica* Medic., *A. indica.*, *Capparis decidua* Edgew., *Dodonaea viscosa* (Jacq.) Royen ex Blume y *Salvadora oleoides* Decne.	Inhibición del crecimiento micelial por el método de dilución en agar	(Aslam *et al.*, 2010)
Extracto de semillas de *Voacanga africana* Stapf ex Scott-Elliot	Concentración inhibitoria mínima por el método de microdilución en agar	(Duru y Onyedineke, 2010)
Extracto de *Polygonum persicaria* L., *Rumex hastatus* (D. Don) Peter, *Rumex dentatus* L., *Rumex nepalensis* Spreng, *Polygonum plebeium* R. Br. y *Rheum australe* D. Don	Inhibición del crecimiento micelial por el método de dilución en agar	(Hussain *et al.*, 2010)

Tabla 3. Extractos de plantas con actividad antifúngica frente a *Alternaria solani* (continuación).

Extractos de plantas	Actividad antifúngica probada	Referencias
Extracto de *Cassia senna* L., *Caesalpinia gilliesii* Wall. ex Hook., *Thespesia populnea* (L.) Correa, *Chrysanthemun frutescens* L., *Euonymus japonicus* Thunb., *Bauhinia purpurea* L.y *Cassia fistula* L.	Inhibición del crecimiento micelial por el método de dilución en agar. Reducción del índice de la enfermedad en plantas de tomate en condiciones semicontroladas	(Derbalah *et al.*, 2011)
Extractos de flores de *Tithonia diversifolia* (Hemsl.) Gray y *T. erecta*, de hojas y flores de *Lippia alba* (Mill.) N. E. Brown, *Lippia dulcis* Trev. y *Lantana camara* L., de la planta completa de *Cleome gynandra* L. y *Cleome viscosa* L. y de hojas de *Coleus amboinicus* Lour, *Polyscia guilfoylei* (L.) Bailey, *Lepianthes peltata* (L.) Raf., *Tradescantia pallida* (Rose) D. R. Hunt y *Tradescantia spathacea* Sw.	Inhibición del crecimiento micelial por el método de dilución en agar y de la germinación de los conidios por el método de gota colgante	(Pupo *et al.*, 2011)
Extractos de *Ocimum basilicum* L., *A. indica*, *Eucalyptus camaldulensis* Dehnh., *Datura stramonium* L., *Nerium oleander* L., y *Allium sativum* L.	Inhibición del crecimiento micelial por el método de dilución en agar. Reducción del índice de la enfermedad en plantas de tomate en condiciones semicontroladas y de campo	(Nashwa y Abo-Elyousr, 2012)
Extractos de *Pongamia pinnata* (L.) Pierre, *Aegle marmelos* (L.) Corrêa, *A. indica*, *Piper nigrum* Beyr. ex Kunth, *Euphorbia tirucalli* (L.) Forssk., *Vitex negundo* L., *Ageratum conyzoides* L., *Tagetes patula* L., y *Zizyphus jujuba* Lam.	Inhibición del crecimiento micelial por el método de dilución en agar	(Pattnaik *et al.*, 2012)
Extractos de *Ricinus communis* L.	Inhibición del crecimiento micelial por el método de dilución en agar	(Bayaso *et al.*, 2013)
Extractos de *Melaleuca quinquenervia* (Cav) S. T. Blake, *O. basilicum, Pimpinella anisum* L., *Piper aduncum* subsp. *ossanum* (C. DC.) Saralegui	Inhibición del crecimiento micelial por el método de difusión en disco	(Duarte *et al.*, 2013)

Tabla 3. Extractos de plantas con actividad antifúngica frente a *Alternaria solani* (continuación).

Extractos de plantas	**Actividad antifúngica probada**	**Referencias**
Extractos de hojas de *Vitis vinifera* L., *Zizyphus spina-christi* (L.) Willd., *Punica granatum* L. y *Ficus carica* L.	Inhibición del crecimiento micelial por el método de dilución en agar	(El-Khateeb *et al.*, 2013)
Extractos de *Artimesia absinthium* L., *D. stramonium*, *Urtica dioica* L., *Juglans regia* L. y *Mentha arvensis* L.	Inhibición del crecimiento micelial por el método de dilución en agar	(Ganie *et al.*, 2013)
Extractos de hojas y frutos de *A. indica*	Inhibición del crecimiento micelial por el método de dilución en agar	(Jabeen *et al.*, 2013)
Extractos de hojas de *A. indica*, *E. camaldulensis y A. sativum*	Reducción del índice de la enfermedad en plantas de tomate en condiciones de campo	(Kumar *et al.*, 2013)
Extractos de *Amaranthus caudatus* L., *Anacardium occidentale* L., *A. indica*, *Bambusa arundinacea* (Retz.) Aiton, *Capsicum annuum* L., *Ecballium elaterium* (L.) A. Rich., *Eucalyptus globulus* Labill., *Ficus religiosa* (L.) Forssk, *L. camara* y *Morus alba* L.	Inhibición del crecimiento micelial por el método de dilución en agar	(Maya y Thippanna, 2013)
Extractos de *Achillea fragrantissima* Sch. Bip., *B. aegyptiaca*, *Peganum harmala* L., *Rumex vesicarius* L. y *Urtica urens* L.	Inhibición del crecimiento micelial por el método de dilución en agar y de la germinación de los conidios por el método de gota colgante. Reducción del índice de la enfermedad en plantas de tomate en condiciones semicontroladas	(Baka, 2014)
Extractos de *Annona muricata* L., *Abutilon indicum* (L.) Sweet y *Evolvulus alsinoides* Wall.	Inhibición de la germinación de los conidios por el método de gota colgante	(Basha *et al.*, 2014)
Extractos de diferentes partes de *Moringa oleifera* Lam.	Inhibición del crecimiento micelial por el método de dilución en agar y de la germinación de los conidios por el método de gota colgante	(El-Mohamedy y Abdalla, 2014)
Extractos de inflorescencias de *Euphorbia pulcherrima* Willd. ex Klotzsch	Inhibición de la germinación de los conidios por el método de gota colgante	(Goel y Sharma, 2014)

Tabla 3. Extractos de plantas con actividad antifúngica frente a *Alternaria solani* (continuación).

Extractos de plantas	Actividad antifúngica probada	Referencias
Extractos de *Ulva lactuca* L. y *Caulerpa sertularioides* (S. G. Gmelin) M. A. Howe	Inducción de resistencia en las plantas de tomate	(Hernández-Herrera *et al.*, 2014)
Extractos de hojas de *P. pinnata, Calotropis procera* (Aiton) W. T. Aiton, *Nerium indicum* Mill. y *Curcuma longa* L.	Inhibición del crecimiento micelial por el método de dilución en agar	(Masih *et al.*, 2014)
Extracto de raíces de *Muntingia calabura* L.	Inhibición del crecimiento micelial por el método de dilución en agar y de la germinación de los conidios por el método de gota colgante. Inducción de resistencia en las plantas de tomate	(Rajesh *et al.*, 2014)
Extracto de hojas de *A. indica*	Inhibición del crecimiento micelial por el método de difusión en disco	(Shrivastava y Swarnkar, 2014)
Extractos de partes aéreas de 43 especies de plantas	Inhibición del crecimiento micelial por el método de difusión en disco	(Bahraminejad *et al.*, 2015)
Extractos de hojas de *A. indica*, *Calotropis gigantea* L., *D. stramonium*, *Eucalyptus globes* Labill, *Euphorbia hirta* L., *L. camara*, *Ocimum sanctum* L., *Parthenium hysterophorus* L., *Pongamia glabra* Vent. y *Ricinus communis* L.	Inhibición del crecimiento micelial por el método de dilución en agar	(Koley *et al.*, 2015)
Extracto de hojas de *Vinca rosea* L.	Concentración inhibitoria mínima por el método de microdilución en agar	(Naz *et al.*, 2015)
Extracto de partes aéreas de *Andrographis paniculata* Nees	Inhibición del crecimiento micelial por el método de dilución en agar y de la germinación de los conidios por el método de gota colgante	(Nidiry *et al.*, 2015)
Extracto de tubérculos de *Pueraria tuberosa* DC.	Inhibición del crecimiento micelial por el método de difusión en disco	(Sadguna *et al.*, 2015)
Extractos de hojas de *Calotropis* spp.	Inhibición del crecimiento micelial por el método de dilución en agar	(Upasana *et al.*, 2016)

El uso frecuente de *A. indica* para el control de *A. solani* puede deberse a la presencia de terpenoides como azadiractina y nimbina, cuyo mecanismo de acción es la deformación del micelio del hongo por inducción de un estrés osmótico, ocasionado por una elevada acumulación de vacuolas en el citoplasma e irregularidades en la pared celular (Razzaghi *et al.*, 2005). Sin embargo, a pesar de todos estos resultados, en el mercado no existen fungicidas naturales para su empleo frente a *A. solani*.

En el proceso de desarrollo de fungicidas naturales para la protección de plantas se recomienda la combinación de ensayos biológicos *in vitro* e *in vivo*. Las evaluaciones *in vitro* permiten analizar los efectos y los mecanismos de acción sobre un determinado patógeno, mientras que las pruebas *in vivo* proporcionan elementos sobre de la eficacia de la aplicación del fungicida natural en el contexto práctico (Pino *et al.*, 2013a). La demostración de la actividad biológica de un extracto es solamente el primer paso en el desarrollo de un fungicida natural; además de la caracterización del compuesto activo y el mecanismo de acción, se requieren de otras investigaciones sobre los efectos sinérgicos, especificidad del control, toxicología, ecotoxicología, control de calidad y estabilidad, entre otros (Regnault-Roger, 2012).

En Cuba, la búsqueda de alternativas de manejo agroecológico de plagas y enfermedades es una tarea priorizada en las Ciencias Agrícolas. De esta forma, se pretende reducir pérdidas económicas en los cultivos y daños al ambiente. A pesar de que Cuba es considerado uno de los países de mayor biodiversidad en el mundo y es la de mayor biodiversidad de plantas entre todas las islas de América, con un estimado de 6 500 especies de plantas vasculares, de las cuales el 50% son endémicas (Pino *et al.*, 2008), no se han realizado suficientes investigaciones en la flora cubana como fuente potencial de compuestos con actividad antifúngica (Pino *et al.*, 2013b).

Aunque en Cuba existen varios informes sobre el uso popular de plantas con actividad antifúngica, de forma general, en ellos se muestran datos botánicos y su uso medicinal, pero en la mayoría de los casos no se refieren los compuestos activos (Pino *et al.*, 2013b). Sin embargo, en los últimos años se ha incentivado la búsqueda de compuestos con actividad biológica, específicamente con actividad antifúngica (Espejo *et al.*, 2010; Morales *et al.*, 2011; Pino *et al.*, 2011; Sánchez *et al.*, 2011; Espinosa *et al.*, 2012a; Espinosa *et al.*, 2012b)

En muchas de estas investigaciones la evaluación biológica no está acompañada de la composición química y la identificación de los metabolitos activos mayoritarios, lo cual es de gran importancia si se considera la relación cercana entre ambos aspectos y su papel en la reproducibilidad de los efectos biológicos. Además, en muchas ocasiones, no se precisa la concentración más eficiente para la actividad biológica de los extractos. La mayoría de los ensayos son realizados *in vitro*; sin embrago, las evaluaciones biológicas en condiciones semicontroladas o en campo son esenciales para establecer la aplicabilidad de estos fungicidas naturales en el control de enfermedades. Esto demuestra que son necesarias investigaciones multidisciplinarias y multinstitucionales para la obtención de compuestos antifúngicos naturales que contribuyan sustancialmente a la producción de alimentos.

Referencias bibliográficas

Adami, R., Liparoti, S., Della Porta, G., Del Gaudio, P. y Reverchon, E. (2017). Lincomycin hydrochloride loaded albumin microspheres for controlled drug release, produced by Supercritical Assisted Atomization. *The Journal of Supercritical Fluids.* 119: 203-210.

Agrios, G. N. (2005). Plant Pathology. 5ta (ed.). Burlington. Mass, EE.UU.: Elsevier Academic Press, 948 pp.

Ain, Q. U., Khan, H., Mubarak, M. S. y Pervaiz, A. (2016). Plant alkaloids as antiplatelet agent: drugs of the future in the light of recent developments. *Frontiers in Pharmacology.* 7: 292.

Ajila, C. M., Brar, S. K., Verma, M., Tyagi, R. D., Godbout, S. y Valéro, J. R. (2011). Extraction and analysis of polyphenols: Recent trends. *Critical Reviews in Biotechnology.* 31: 227-249.

Alagoz, Y., Gurkok, T., Zhang, B. y Unver, T. (2016). Manipulating the biosynthesis of bioactive compound alkaloids for next-generation metabolic engineering in Opium Poppy using CRISPR-Cas 9 genome editing technology. *Scientific Reports.* 6: 30910.

Ammar, M. I., Nenaah, G. E. y Mohamed, A. H. H. (2013). Antifungal activity of prenylated flavonoids isolated from *Tephrosia apollinea* L. against four phytopathogenic fungi. *Crop Protection.* 49: 21-25.

Arif, T., Mandal, T. K. y Dabur, R. (2011). Natural products: Anti-fungal agents derived from plants. *Opportunity, Challenge and Scope of Natural Products in Medicinal Chemistry.* 34: 283-311.

Aslam, A., Naz, F., Aeshad, M., Qureshi, R. y Rauf, C. A. (2010). *In vitro* antifungal activity of selected medicinal plant diffusates against *Alternaria solani, Rhizoctonia solani* and *Macrophomina phaseolina. Pakistan Journal of Botanical.* 42: 2919-2010.

Babu, K. S., Naik, V. K. M., Latha, J. y Ramanjaneyulu, K. (2016). Pharmacological review on natural products (*Azadirachta indica* Linn). *International Journal of Chemical Studies.* 4: 01-04.

Bahraminejad, S., Amiri, R. y Abbasi, S. (2015). Anti-fungal properties of 43 plant species against *Alternaria solani* and *Botrytis cinerea. Archives of Phytopathology and Plant Protection.* 48: 336-344.

Baka, Z. A. M. (2014). Biological control of the predominant seed-borne fungi of tomato by using plant extracts. *Journal of Phytopathology and Pest Management.* 1: 10-22.

Bandoly, M., Grichnik, R., Hilker, M. y Steppuhn, A. (2016). Priming of anti-herbivore defence in *Nicotiana attenuata* by insect oviposition: herbivore-specific effects. *Plant, Cell and Environment.* 39: 848-859.

Barrera-Vázquez, M. F., Comini, L. R., Martini, R. E., Montoya, S. C. N., Bottini, S. y Cabrera, J. L. (2013). Comparisons between conventional, ultrasound-assisted and microwave-assisted methods for extraction of anthraquinones from *Heterophyllaea pustulata* Hook f. (*Rubiaceae*). *Ultrasonics Sonochemistry.* 21: 478-484.

Basha, S. A., Begum, A. S. y Raghavendra, G. (2014). Effect of *Annona muricata*, *Abutilon indicum* and *Evolvulus alsinoides* extracts on spore germination of sorghum grain mold fungi. *International Journal of Bio-resource and Stress Management.* 5: 102-106.

Bayaso, I., Nahunnaro, H. y Gwary, D. M. (2013). Effects of aqueous extract of *Ricinus communis* on radial growth of *Alternaria solani*. *African Journal of Agricultural Research.* 8: 4541-4545.

Bogdanovic, A., Tadic, V., Arsic, I., Milovanovic, S., Petrovic, S. y Skala, D. (2016). Supercritical and high pressure subcritical fluid extraction from *Lemon balm* (*Melissa officinalis* L., Lamiaceae) *The Journal of Supercritical Fluids.* 107: 234-242.

Braga, M. E. M., Seabra, I. J., Dias, A. M. A. y Sousa, H. C. d. (2013). Recent trends and perspectives for the extraction of natural products. En: Rostagno, M. A. y Prado, J. M. (eds.). *Natural Product Extraction: Principles and Applications.* pp. 231-284. Cambridge, UK: The Royal Society of Chemistry.

Breitenbach, M., Weber, M., Rinnerthaler, M., Karl, T. y Breitenbach-Koller, L. (2015). Oxidative stress in fungi: Its function in signal transduction, interaction with plant hosts, and lignocellulose degradation. *Biomolecules.* 5: 318-342.

Buchanan, B. B., Gruissem, W. y Jones, R. L. (2015). Biochemestry & Molecular Biology of Plant. 2da (ed.). United Kingdom: John Wiley & Sons, Ltd.

Burketová, L., Trdá, L., Ott, P. y Valentová, O. (2015). Bio-based resistance inducers for sustainable plant protection against pathogens. *Biotechnology Advances.* 33: 994-1004.

Čačić, M., Pavić, V., Molnar, M., Šarkanj, B. y Has-Schön, E. (2014). Design and synthesis of some new 1, 3, 4-thiadiazines with coumarin moieties and their antioxidative and antifungal activity. *Molecules.* 19: 1163-1177.

Caretto, S., Linsalata, V., Colella, G., Mita, G. y Lattanzio, V. (2015). Carbon fluxes between primary metabolism and phenolic pathway in plant tissues under stress. *International Journal of Molecular Sciences.* 16: 26378-26394.

Carravedo, F. M. (2006). Variedades Autóctonas de Tomates de Aragón. 1ra (ed.). Zaragoza, España: Centro de Investigación de Tecnología Alimentaria de Aragón, 238 pp.

Casanova, S. A., Gómez, O., Pupo, F. R., Hernández, M., Chailloux, M., Depestre, T., Hernández, J. C., Moreno, V., León, M., Igarza, A., Duarte, C., Jiménez, I., Santos, R., Navarros, A., Marrero, A., Cardoza, H., Piñeiro, F., Arozarena, N., Villarino, L., Hernández, M. I., Martínez, E., Martínez, M., Muiño, B., Bernal, B., Martínez, H., Salgado, J. M., Socorro, A., Cañet, F., Fí, J., Rodríguez, A. y Osuna, A. (2007). Manual para la Producción Protegida de Hortalizas. 1ra (ed.). La Habana, Cuba: Instituto de Investigaciones Hortícolas Lilana Dimitrova, 138 pp.

Ciriminna, R., Carnaroglio, D., Delisi, R., Arvati, S., Tamburino, A. y Pagliaro, M. (2016). Industrial feasibility of natural products extraction with microwave technology. *Chemistry Select.* 1: 549-555.

Contro, U., Swick, A. y Matos, M. d. (2016). Lignin in woody plants under water stress: A review. *Floresta e Ambiente.* 23: 589-597.

Cretton, S., Dorsaz, S. p., Azzollini, A., Favre-Godal, Q., Marcourt, L., Ebrahimi, S. N., Voinesco, F., Michellod, E., Sanglard, D., Gindro, K., Wolfender, J.-L., Cuendet, M. y Christen, P. (2016). Antifungal quinoline alkaloids from *Waltheria indica*. *Journal of Natural Products.* 79: 300-307.

Cronquist, A. (1988). The evolution and classification of flowering plants. 2da (ed.). Bronx, NY. EE.UU.: New York Botanical Garden, 555 pp.

Cseke, L. J., Kirakosyan, A., Kaufman, P. B., Warber, S. L., Duke, J. A. y Brielmann, H. L. (2006). Natural Products from Plants. 2da (ed.). Nueva York, EE.UU.: Taylor & Francis Group, 632 pp.

Chadwick, M., Trewin, H., Gawthrop, F. y Wagstaff, C. (2013). Sesquiterpenoids lactones: Benefits to plants and people. *International Journal of Molecular Sciences.* 14: 12780-12805.

Chaerani, R. y Voorrips, R. E. (2006). Tomato early blight (*Alternaria solani*): the pathogen, genetics, and breeding for resistance. *Journal of General Plant Pathology.* 72: 335-347.

Chan, C. H., Yeoh, H. K., Yusoff, R. y Ngoh, G. C. (2016). A first-principles model for plant cell rupture in microwave-assisted extraction of bioactive compounds. *Journal of Food Engineering.* 188: 98-107.

Chapagain, B. P., Wiesman, Z. y Tsror, L. (2007). *In vitro* study of the antifungal activity of saponin-rich extracts against prevalent phytopathogenic fungi. *Industrial Crops and Products.* 26: 109-115.

Chemat, F., Rombaut, N., Sicaire, A. G., Meullemiestre, A., Fabiano-Tixier, A. S. y Abert-Vian, M. (2017). Ultrasound assisted extraction of food and natural products. Mechanisms, techniques, combinations, protocols and applications. A review. *Ultrasonics Sonochemistry.* 34: 540-560.

Chen, Q., Fung, K. Y., Lau, Y. T., Ng, K. M. y Lau, D. T. (2016). Relationship between maceration and extraction yield in the production of Chinese herbal medicine. *Food and Bioproducts Processing.* 98: 236-243.

Cheng, D., Mulder, P. P., van der Meijden, E., Klinkhamer, P. G. y Vrieling, K. (2017). The correlation between leaf-surface and leaf-tissue secondary metabolites: a case study with pyrrolizidine alkaloids in Jacobaea hybrid plants. *Metabolomics.* 13: 47.

Chowanski, S., Adamski, Z., Marciniak, P., Rosinski, G., Büyükgüzel, E., Büyükgüzel, K., Falabella, P., Scrano, L., Ventrella, E., Lelario, F. y Bufo, S. A. (2016). A review of bioinsecticidal activity of *Solanaceae* alkaloids. *Toxin.* 8: 60.

Da Porto, C., Decorti, D. y Natolino, A. (2016). Microwave pretreatment of *Moringa oleifera* seed: Effect on oil obtained by pilot-scale supercritical carbon dioxide extraction and Soxhlet apparatus. *The Journal of Supercritical Fluids.* 107: 38-43.

da Silva, G. (2017). Isolation and purification of atropine, a tropane alkaloid obtained from *Atropa belladonna* L. (*Solanaceae*). *Comprehensive Organic Chemistry Experiments for the Laboratory Classroom.* pp. 38. UK: The Royal Society of Chemistry.

da Silva, R. P., Rocha-Santos, T. A. y Duarte, A. C. (2016). Supercritical fluid extraction of bioactive compounds. *TrAC Trends in Analytical Chemistry.* 76: 40-51.

Dahmoune, F., Spigno, G., Moussi, K., Remini, H., Cherbal, A. y Madani, K. (2014). *Pistacia lentiscus* leaves as a source of phenolic compounds: Microwave-assisted extraction optimized and compared with ultrasound-assisted and conventional solvent extraction. *Industrial Crops and Products.* 61: 31-40.

de Ávila, S. G., Silva, L. C. C. y Matos, J. R. (2016). Optimisation of SBA-15 properties using Soxhlet solvent extraction for template removal. *Microporous and Mesoporous Materials.* 234: 277-286.

Derbalah, A. S., El- Mahrouk, M. S. y El-Sayed, A. B. (2011). Efficacy and safety of some plant extracts against tomato early blight disease caused by *Alternaria solani*. *Plant Pathology Journal.* 10: 115-121.

Destandau, E., Michel, T. y Elfakir, C. (2013). Microwave-assisted extraction. En: Rostagno, M. A. y Prado, J. M. (eds.). *Natural Product Extraction: Principles and Applications.* pp. 113-156. Cambridge, UK: The Royal Society of Chemistry.

Díaz, M., Rodríguez, L., Casas, G., Castellanos, L. y Quintín, J. (2014). Análisis espacial de la intensidad del tizón temprano en tomate en tres municipios de Cienfuegos en la campaña 2012-2013. *Centro Agrícola.* 41: 47-51.

Divya, D., Muzna, S., Kamat, S. D. y Kamat, D. V. (2014). Antifungal activity of lipasa modified flavonoids from *Citrus limetta*. *International Journal of Pharmacy and Pharmaceutical Sciences.* 6: 116-118.

Doménech-Carbó, A., Domínguez, I., Hernández-Muñoz, P. y Gavara, R. (2015). Electrochemical tomato (*Solanum lycopersicum* L.) characterisation using contact probe *in situ* voltammetry. *Food Chemistry.* 172: 318-325.

Dong, W., Kieliszewski, M. y Held, M. A. (2015). Identification of the pI 4.6 extensin peroxidase from *Lycopersicon esculentum* using proteomics and reverse-genomics. *Phytochemistry.* 112: 151-159.

Duarte, Y., Pino, O., Infante, D., Sánchez, Y., Travieso, M. y Martínez, B. (2013). Efecto *in vitro* de aceites esenciales sobre *Alternaria solani* Sorauer. *Revista de Protección Vegetal.* 28: 54-59.

Duru, C. M. y Onyedineke, N. E. (2010). *In vitro* antimicrobial assay and phytochemical analysis of ethanolic extracts of *Voacanga africana* seeds. *Journal of American Science.* 6: 119-122.

El-Khateeb, A. Y., Elsherbiny, E. A., Tadros, L. K., Ali, S. M. y Hamed, H. B. (2013). Phytochemical analysis and antifungal activity of fruit leaves extracts on the mycelial growth of fungal plant pathogens. *Journal of Plant Pathology and Microbiology.* 4: 199.

El-Mohamedy, R. S. R. y Abdalla, A. M. (2014). Evaluation of antifungal activity of *Moringa oleifera* extracts as natural fungicide against some plant pathogenic fungi *in-vitro*. *Journal of Agricultural Technology*. 10: 963-982.

Espejo, F., Espinosa, R., Puente, M., Cupull, R. y Rodríguez, M. (2010). Efecto alelopático de *Tagetes erecta* L. y *Terminalia catappa* L. sobre *Rhizoctonia solani* (Kühn). *Centro Agrícola*. 37: 89-92.

Espinosa, R., Bravo, L., Herrera, L., Ramos, Y. y Espinosa, M. (2012a). Efecto alelopático del almendro de la India (*Terminalia catappa* L.) sobre *Sclerotium rolfsii* Sacc. *Revista de Protección Vegetal*. 27: 202-205.

Espinosa, R., Herrera, L., Bravo, R., Hernández, M., Torres, S. y Ramos, Y. (2012b). Efecto sinérgico de taninos y flavonoides presentes en *Terminalia catappa* L. sobre el crecimiento micelial de *Rhizoctonia solani* Kühn y *Sclerotium rolfsii* Sacc. *Fitosanidad*. 16: 27-32.

Fang, Y., Mei, H., Zhou, B., Xiao, X., Yang, M., Huang, Y. y Tang, C. (2016). *De novo* transcriptome analysis reveals distinct defense mechanisms by young and mature leaves of *Hevea brasiliensis* (Para Rubber Tree). *Scientific Reports*. 6: 33151.

Farhoosh, R., Johnny, S., Asnaashari, M., Molaahmadibahraseman, N. y Sharif, A. (2016). Structure–antioxidant activity relationships of *o*-hydroxyl, *o*-methoxy, and alkyl ester derivatives of *p*-hydroxybenzoic acid. *Food Chemistry*. 194: 128-134.

Fernandez-Pastor, I., Fernandez-Hernandez, A., Perez-Criado, S., Rivas, F., Martinez, A., Garcia-Granados, A. y Parra, A. (2017). Microwave-assisted extraction versus Soxhlet extraction to determine triterpene acids in olive skins. *Journal of Separation Science*. 40: 1209-1217.

Ferroni, F. M., Tolmie, C., Smit, M. S. y Opperman, D. J. (2017). Alkyl formate ester synthesis by a fungal Baeyer-Villiger monooxygenase. *ChemBioChem*. 18: 515-551.

Flor-Peregrín, E., Verdejo-Lucas, S. y Talavera, M. (2017). Combined use of plant extracts and arbuscular mycorrhizal fungi to reduce root-knot nematode damage in tomato. *Biological Agriculture & Horticulture*. 33: 115-124.

FRAC (2015). [En línea] Disponible desde: http://www.frac.info. [Consultado: 29 de mayo de 2015].

Freires, I. d. A., Murata, R. M. a., Furletti, V. F., Sartoratto, A., Alencar, S. M. d., Figueira, G. M., Rodrigues, J. A. d. O., Duarte, M. C. T. y Rosalen, P. L. (2014). *Coriandrum sativum* L. (Coriander) essential oil: Antifungal activity and mode of action on *Candida* spp., and molecular targets affected in human whole-genome expression. *PLoS ONE.* 9: e99086.

Futamura, Y., Yamamoto, K. y Osada, H. (2017). Phenotypic screening meets natural products in drug discovery. *Bioscience, Biotechnology, and Biochemistry.* 81: 28-31.

Ganie, S. A., M.Y., G., Nissar, Q. y Rehman, S. (2013). Bioefficacy of plant extracts and biocontrol agents against *Alternaria solani. African Journal of Microbiology Research.* 7: 4397-4402.

García-Castello, E. M., Rodríguez-López, A. D., Mayor, L., Ballesteros, R., Conidi, C. y Cassano, A. (2015). Optimization of conventional and ultrasound assisted extraction of flavonoids from grapefruit (*Citrus paradisi* L.) solid wastes. *LWT - Food Science and Technology.* 64: 1114-1122.

Goel, A. y Sharma, K. (2014). Effect of *Euphorbia pulcherrima* leaf and inflorescence extracts on spore germination of *Alternaria solani. Microbial Diversity and Biotechnology in Food Security.* pp. 489-494. India: Springer India.

Gómez, O., Casanova, A., Laterrot, H. y Anais, G. (2000). Mejora genética y manejo del cultivo del tomate para la produccion en el Caribe. 1ra (ed.). La Habana, Cuba: Instituto de Investigaciones "Liliana Dimitrova", 159 pp.

Guamán, L. M., Lombardi, P., Tillhon, M. y Scovassi, A. I. (2014). Berberine, an epiphany against cancer. *Molecules.* 19: 12349-12367.

Gupta, J., Gupta, A. y Gupta, A. K. (2016). Flavonoids: Its working mechanism and various protective roles. *International Journal of Chemical Studies.* 4: 190-198.

Hakola, H., Tarvainen, V., Praplan, A. P., Jaars, K., Hemmilä, M., Kulmala, M. y Hellén, H. (2017). Terpenoid and carbonyl emissions from Norway spruce in Finland during the growing season. *Atmospheric Chemistry and Physics.* 17: 3357-3370.

Haouala, R., Hawala, S., El-Ayeb, A., Khanfir, R. y Boughanmi, N. (2008). Aqueous and organic extracts of *Trigonella foenum-graecum* L. inhibit the mycelia growth of fungi. *Journal of Environmental Sciences.* 20: 1453-1457.

Hasegawa, M., Mitsuhara, I., Seo, S., Okada, K., Yamane, H., Iwai, T. y Ohashi, Y. (2014). Analysis on blast fungus-responsive characters of a flavonoid phytoalexin sakuranetin; accumulation in infected rice leaves, antifungal activity and detoxification by fungus. *Molecules.* 19: 11404-11418.

Hassanein, N. M., Abou Zeid, M. A., Youssef, K. A. y Mahmoud, D. A. (2008). Efficacy of leaf extracts of neem (*Azadirachta indica*) and chinaberry (*Melia azedrach*) against Early Blight and Wilt diseases of tomato. *Australian Journal of Basic and Applied Sciences.* 2: 763-772.

Heleno, S. A., Diz, P., Prieto, M. A., Barros, L., Rodrigues, A., Barreiro, M. F. y Ferreira, I. C. F. R. (2015). Optimization of ultrasound-assisted extraction to obtain mycosterols from *Agaricus bisporus* L. by response surface methodology and comparison with conventional Soxhlet extraction. *Food Chemistry.* 197: 1054-1063.

Hernández-Herrera, R. M., Virgen-Calleros, G., Ruiz-López, M., Zañudo-Hernández, J., Délano-Frier, J. P. y Sánchez-Hernández, C. (2014). Extracts from green and brown seaweeds protect tomato (*Solanum lycopersicum*) against the necrotrophic fungus *Alternaria solani. Journal of Applied Phycology.* 26: 1607-1614.

Hodaj, E., Tsiftsoglou, O., Abazi, S., Hadjipavlou-Litina, D. y Lazari, D. (2016). Lignans and indole alkaloids from the seeds of *Centaurea vlachorum* Hartvig (*Asteraceae*), growing wild in Albania and their biological activity. *Natural Product Research.* 31: 1195-1200.

Hsieh, C. L., Lin, C.-H., Chen, K. C., Peng, C.-C. y Peng, R. Y. (2015). The teratogenicity and the action mechanism of gallic acid relating with brain and cervical muscles. *PLoS ONE.* 10: e0119516.

Hu, J., Shi, X., Chen, J., Mao, X., Zhu, L., Yu, L. y Shi, J. (2014). Alkaloids from *Toddalia asiatica* and their cytotoxic, antimicrobial and antifungal activities. *Food Chemistry.* 148: 437-444.

Hussain, F., Ahmad, B., Hameed, I., Dastagir, G., Sanaullah, P. y Azam, S. (2010). Antibacterial, antifungal and insecticidal activities of some selected medicinal plants of *Polygonaceae. African Journal of Biotecnology.* 9: 5032-5036.

Ibanez, S., Gallet, C. y Després, L. (2012). Plant insecticidal toxins in ecological networks. *Toxin.* 4: 228-243.

Ignat, I., Volf, I. y Popa, V. I. (2011). A critical review of methods for characterisation of polyphenolic compounds in fruits and vegetables. *Food Chemistry.* 126: 1821-1835.

IPNI (2015). [En línea] Disponible desde: http://www.ipni.org. [Consultado: 25 noviembre de 2015].

Ishida, M., Hara, M., Fukino, N., Kakizaki, T. y Morimitsu4, Y. (2014). Glucosinolate metabolism, functionality and breeding for the improvement of *Brassicaceae* vegetables. *Breeding Science.* 64: 48-59.

Jabeen, K., Hanif, S., Naz, S. y Iqbal, S. (2013). Antifungal activity of *Azadirachta indica* against *Alternaria solani*. *Journal of Life Sciences and Technologies.* 1: 89-93.

Jaramillo, J., Rodríguez, V. P., Guzmán, M., Zapata, M. y Rengifo, T. (2007). Manual Técnico: Buenas Prácticas Agrícolas en la Producción de Tomate bajo Condiciones Protegidas. 1ra (ed.). Gobernación de Antioquia-FAO: CORPOICA. MANA., 331 pp.

Johann, S., Mendes, B. G., Missau, F. C., Resende, M. A. d. y Pizzolatti, M. G. (2011). Antifungal activity of five species of *Polygala*. *Brazilian Journal of Microbiology.* 42: 1065-1075.

Joshi, R., Sood, S., Dogra, P., Mahendru, M., Kumar, D., Bhangalia, S., Pal, H. C., Kumar, N., Bhushan, S., Gulati, A., Saxena, A. K. y Gulati, A. (2013). *In vitro* cytotoxicity, antimicrobial, and metal-chelating activity of triterpene saponins from tea seed grown in Kangra valley, India. *Medicinal Chemistry Research.* 22: 4030-4038.

Karimi, E., Jaafar, H. Z. y Ahmad, S. (2013). Antifungal, anti-inflammatory and cytotoxicity activities of three varieties of *Labisia pumila* benth: from microwave obtained extracts. *BMC Complementary and Alternative Medicine.* 13: 20.

Karppinen, K., Zoratti, L., Nguyenquynh, N., Häggman, H. y Jaakola, L. (2016). On the developmental and environmental regulation of secondary metabolism in *Vaccinium* spp. Berries. *Frontiers in Plant Science.* 7. 655.

Kasote, D. M., Katyare, S. S., Hegde, M. V. y Bae, H. (2015). Significance of antioxidant potential of plants and its relevance to therapeutic applications *International Journal of Biological Sciences.* 11: 982-991.

Kedia, A., Prakash, B., Mishra, P. K. y Dubey, N. K. (2014). Antifungal and antiaflatoxigenic properties of *Cuminum cyminum* (L.) seed essential oil and its efficacy as a preservative in stored commodities. *International Journal of Food Microbiology.* 168: 1-7.

Kennedy, D. O. (2014). Polyphenols and the human brain: Plant "secondary metabolite" ecologic roles and endogenous signaling functions drive benefits. *Advances in Nutrition.* 5: 515-533.

Kim, N., Estrada, O., Chavez, B., Jr., C. S. y D'Auria, J. C. (2016). Tropane and granatane alkaloid biosynthesis: A systematic analysis. *Molecules.* 21: 1510.

Kiran, U., Ali, A. y Abdin, M. Z. (2017). Metabolic Engineering of Secondary Plant Metabolism. *Plant Biotechnology: Principles and Applications.* pp. 173-190. Singapore: Springer.

Koley, S., Mahapatra, S. S. y Kole, P. C. (2015). *In vitro* efficacy of bio-control agents and botanicals on the growth inhibition of *Alternaria solani* causing early leaf blight. *International Journal of Bio-resorce, Enviroment and Agricultural Science.* 1: 114-118.

Kolodziejczyk-Czepas, J. (2016). Trifolium species–the latest findings on chemical profile, ethnomedicinal use and pharmacological properties. *Journal of Pharmacy and Pharmacology.* 68: 845-861.

Kourtchev, I., Giorio, C., Manninen, A., Wilson, E., Mahon, B., Aalto, J. y Kajos, M. (2016). Enhanced volatile organic compounds emissions and organic aerosol mass increase the oligomer content of atmospheric aerosols. *Scientific Reports.* 6: 35038.

Kowalski, R., Kowalska, G., Jamroz, J., Nawrocka, A. y Metyk, D. (2014). Effect of the ultrasound-assisted preliminary maceration on the efficiency of the essential oil distillation from selected herbal raw materials. *Ultrasonics Sonochemistry.* 24: 214-220.

Kryževičiūtė, N., Kraujalis, P. y Venskutonis, P. R. (2016). Optimization of high pressure extraction processes for the separation of raspberry pomace into lipophilic and hydrophilic fractions. *The Journal of Supercritical Fluids.* 108: 61-68.

Kumar, P., Lal, A. A. y Simon, S. (2013). Effect of certain fungicides and botanicals against early blight of tomato caused by *Alternaria solani* (Ellis and Martin) under Allahabad Uttar Pradesh, India condition. *International Journal of Agricultural Science and Research.* 3: 151-156.

Kumar, P., Rathi, P., Schottner, M., Baldwin, I. T. y Pandit, S. (2014). Differences in nicotine metabolism of two *Nicotiana attenuata* herbivores render them differentially susceptible to a common native predator. *PLoS ONE.* 9: e95982.

Kusumoto, N., Zhao, T., Swedjemark, G., Ashitani, T., Takahashi, K. y Borg-Karlson, A.-K. (2014). Antifungal properties of terpenoids in *Picea abies* against *Heterobasidion parviporum*. *Forest Pathology.* 44: 353-361.

Lam, P. Y., Tobimatsu, Y., Takeda, Y., Suzuki, S., Yamamura, M., Umezawa, T. y Lo, C. (2017). Disrupting flavone synthase II alters lignin and improves biomass digestibility. *Plant Physiology.* 174: 972-985.

Latif, S., Chiapusio, G. y Weston, L. A. (2017). Chapter Two - Allelopathy and the role of allelochemicals in plant defence. *Advances in Botanical Research.* 82: 19-54.

Liu, J., Osbourn, A. y Ma, P. (2015). MYB transcription factors as regulators of phenylpropanoid metabolism in plants. *Molecular Plant.* 8: 689-708.

Liu, Q., Wang, X., Tzin, V., Romeis, J., Peng, Y. y Li, Y. (2016). Combined transcriptome and metabolome analyses to understand the dynamic responses of rice plants to attack by the rice stem borer *Chilo suppressalis* (Lepidoptera: Crambidae). *BMC Plant Biology.* 16: 259.

Liu, X., Pang, J. y Yang, Z. (2009). The biocontrol effect of *Trichoderma* and *Bacillus subtilis* SY1. *Journal of Agricultural Science.* 1: 132-136.

Lourenço Jr., V., Moya, A., González-Candelas, F., Carbone, I., Maffia, L. A. y Mizubuti, E. (2009). Molecular diversity and evolutionary processes of *Alternaria solani* in Brazil inferred using genealogical and coalescent approaches. *Phytopathology.* 99: 765-774.

Lucas, J. A. (2009). Plant Pathology and Plant Pathogens. 3ra (ed.): John Wiley & Sons, 265 pp.

Martínez-Ballesta, M. d. C., Moreno, D. A. y Carvajal, M. (2013). The physiological importance of glucosinolates on plant response to abiotic stress in *Brassica International Journal of Molecular Sciences.* 14: 11607-11625.

Martínez-Esteso, M. J., Martínez-Márquez, A., Sellés-Marchart, S., Morante-Carriel, J. A. y Bru-Martínez, R. (2015). The role of in proteomics progressing insights into plant secondary metabolism. *Frontiers in Plant Science.* 6. 504.

Martínez, E., Barrios, G., Rovesti, L. y Santos, R. (2007). Manejo Integrado de Plagas. Manual Práctico. 1ra (ed.). Italia: Editorial Centro Nacional de Sanidad Vegetal (CNSV), 519 pp.

Masih, H., Peter, J. K. y Tripathi, P. (2014). A comparative evaluation of antifungal activity of medicinal plant extracts and chemical fungicides against four plant pathogens. *International Journal of Current Microbiology and Applied Sciences.* 3: 97-109.

Maya, C. y Thippanna, M. (2013). *In vitro* evaluation of ethano-botanically important plant extracts against early blight disease (*Alternaria solani*) of tomato. *Global Journal of Bio-Science and Biotechnology.* 2: 248-525.

Mendiola, J. A., Herrero, M., Castro-Puyana, M. A. y Ibanez, E. (2013). Supercritical fluid extraction. En: Rostagno, M. A. y Prado, J. M. (eds.). *Natural Product*

Extraction: Principles and Applications. pp. 196-230. Cambridge, UK: The Royal Society of Chemistry.

Milic, P. S., Rajkovic, K. M., Stamenkovic, O. S. y Veljkovic, V. B. (2013). Kinetic modeling and optimization of maceration and ultrasound-extraction of resinoid from the aerial parts of white lady's bedstraw (*Galium mollugo* L.). *Ultrasonics Sonochemistry*. 20: 525-534.

Mishra, A. K., Mishra, A., H.K., K., Sharma, B. y A.K., P. (2009). Inhibitory activity of Indian spice plant *Cinnamomum zeylanicum* extracts against *Alternaria solani* and *Curvularia lunata*, the pathogenic dematiaceous moulds. *Annals of Clinical Microbiology and Antimicrobials*. 8: 1-7.

Mitra, K., Naskar, B., Rana, J. P. y Das, S. (2014). Effect of different fertilizers combination on early blight of potato under diverse fertility gradient of soil. *International Journal of Bio-resource Science*. 1: 73-82.

Mohan, V., Nivea, R. y Menon, S. (2015). Evaluation of ectomycorrhizal fungi as potential bio-control agents against selected plant pathogenic fungi. *Journal of Academia and Industrial Research*. 3: 408-412.

Mojzer, E. B., Hrncic, M. K., Škerget, M., Knez, Ž. y Bren, U. (2016). Polyphenols: Extraction methods, antioxidative action, bioavailability and anticarcinogenic effects. *Molecules*. 21: 901.

Moore, B. D., Andrew, R. L., ulheim, C. K. y Foley, W. J. (2014). Explaining intraspecific diversity in plant secondary metabolites in an ecological context. *New Phytologist*. 201: 733-750.

Moraes, L. A. C., Moreira, A., de Figueiredo Moraes, V. H., Tsai, S. M. y Cordeiro, E. R. (2014). Relationship between cyanogenesis and latex stability on tapping panel dryness in rubber trunk girth. *Journal of Plant Interactions*. 9: 418-424.

Morales, L., Ullauri, M. y Rojas, X. (2011). Evaluación del efecto de extractos vegetales como alternativa de manejo a la Sigatoka negra en el cultivar Gran Enano (AAA). *Centro Agrícola*. 38: 77-84.

Moses, T., Pollier, J., Thevelein, J. M. y Goossens, A. (2013). Bioengineering of plant (tri)terpenoids: from metabolic engineering of plants to synthetic biology *in vivo* and *in vitro*. *New Phytologist*. 200: 27-43.

Mottiar, Y., Vanholme, R., Boerjan, W., Ralph, J. y Mansfield, S. D. (2016). Designer lignins: harnessing the plasticity of lignification. *Current Opinion in Biotechnology*. 37: 190-200.

Nashwa, S. M. A. y Abo-Elyousr, K. A. M. (2012). Evaluation of various plant extracts against the early blight disease of tomato plants under greenhouse and field conditions. *Plant Protection Sciences.* 48: 74-79.

Nayyar, B. G., Akhund, S. y Akram, A. (2014). A review: management of *Alternaria* and its mycotoxins in crops. *Scholarly Journal of Agricultural Science.* 4: 432-437.

Naz, S., Haq, R., Aslam, F. y Ilyas, S. (2015). Evaluation of antimicrobial activity of extracts of *in vivo* and *in vitro* grown *Vinca rosea* L. (*Catharanthus roseus*) against pathogens. *Pakistan Journal of Pharmaceutical Science.* 28: 849-853.

Ncube, B. y Staden, J. V. (2015). Tilting plant metabolism for improved metabolite biosynthesis and enhanced human benefit. *Molecules.* 20: 12698-12731.

Nelson, D. L., Lehninger, A. L. y Cox, M. M. (2012). Lehninger Principles of Biochemistry. Sexta (ed.). New York, EE.UU.: W.H Freeman, 1340 pp.

Nidiry, E. S. J., Ganeshan, G. y Lokesha, A. N. (2015). Antifungal activity of the extract of *Andrographis paniculata* and andrographolide. *Journal of Pharmacognosy and Phytochemistry.* 4: 8-10.

Njateng, G. S. S., Du, Z., Gatsing, D., Donfack, A. R. N., Talla, M. F., Wabo, H. K., Tane, P., Mouokeu, R. S., Luo, X. y Kuiate, J.-R. (2015). Antifungal properties of a new terpernoid saponin and other compounds from the stem bark of *Polyscias fulva* Hiern (*Araliaceae*). *BMC Complementary and Alternative Medicine.* 15: 25.

Okumoto, S., Bustamente, E. y Gamboa, A. (2001). Actividad de cepas de bacterias quitinolíticas antagonistas a *Alternaria solani in vitro*. *Manejo Integrado de Plagas.* 59: 58-62.

On, A., Wonga, F., Ko, Q., Tweddell, R. J., Antoun, H. y Avis, T. J. (2015). Antifungal effects of compost tea microorganisms on tomato pathogens. *Biological Control.* 80: 63-69.

Orfanou, I. M., Damianakos, H., Bazos, I., Graikou, K. y Chinou, I. (2016). Pyrrolizidine Alkaloids from *Onosmakaheirei teppner* (Boraginaceae). *Records of Natural Products.* 10: 221.

Palma, M., Barbero, G. F., Piñeiro, Z., Liazid, A., Barroso, C. G., Rostagno, M. A., Prado, J. M. y Meireles, M. A. A. (2013). Extraction of natural products: Principles and fundamental aspects. En: Rostagno, M. A. y Prado, J. M. (eds.). *Natural Product Extraction: Principles and Applications.* pp. 58-86. Cambridge, UK: The Royal Society of Chemistry.

Palozza, P., Catalano, A., Simone, R. E., Mele, M. C. y Cittadini, A. (2012). Effect of lycopene and tomato products on cholesterol metabolism. *Annals of Nutrition and Metabolism.* 61: 126-134.

Pattnaik, M., Kar, M. y Sahu, R. K. (2012). Bioefficacy of some plant extracts on growth parameters and control of diseases in *Lycopersicum esculentum. Asian Journal of Plant Science and Research.* 2: 129-142.

Pérez, S. y Martínez, B. (1999). Infección de cultivares de tomate por *Alternaria solani* (E&M) J&G. *Revista de Protección Vegetal.* 14: 1-5.

Piasecka, A., Jedrzejczak-Rey, N. y Bednarek, P. (2015). Secondary metabolites in plant innate immunity: conserved function of divergent chemicals. *New Phytologist.* 206: 948-964.

Piiroinen, S., Lindström, L., Lyytinen, A., Mappes, J., Chen, Y. H., Izzo, V. y Grapputo, A. (2013). Pre-invasion history and demography shape the genetic variation in the insecticide resistancerelated acetylcholinesterase 2 gene in the invasive Colorado potato beetle. *BMC Evolutionary Biology.* 13: 13.

Pingret, D., Fabiano-Tixier, A.-S. y Chemat, F. (2013). Ultrasound-assisted extraction. En: Rostagno, M. A. y Prado, J. M. (eds.). *Natural Product Extraction: Principles and Applications.* pp. 89-112. Cambridge, UK: The Royal Society of Chemistry.

Pino, O., Jorge, F., León, O., Khambay, B. y Branford-White, C. (2008). Cuban flora as a source of bioactive compounds. *The International Journal of Cuban Studies.* 1: 1-9.

Pino, O., Sánchez, Y., Rojas, M., Rodríguez, H., Abreu, Y. y Duarte, Y. (2011). Composición química y actividad plaguicida del aceite esencial de *Melaleuca quinquenervia* (Cav) S.T. Blake. *Revista de Protección Vegetal.* 26: 177-186.

Pino, O., Sánchez, Y. y Rojas, M. M. (2013a). Plant secondary metabolites as an alternative in pest management. I: Background, research approaches and trends. *Revista de Protección Vegetal.* 28: 81-94.

Pino, O., Sánchez, Y. y Rojas, M. M. (2013b). Plant secondary metabolites as alternatives in pest management. II: An overview of their potential in Cuba. *Revista de Protección Vegetal.* 28: 95-108.

Płotka-Wasylka, J., Rutkowska, M., Owczarek, K., Tobiszewski, M. y Namieśnik, J. (2017). Extraction with environmentally friendly solvents. *TrAC Trends in Analytical Chemistry.* 91: 12-25.

Porto, C. D., Porretto, E. y Decorti, D. (2013). Comparison of ultrasound-assisted extraction with conventional extraction methods of oil and polyphenols from grape (*Vitis vinifera* L.) seeds. *Ultrasonics Sonochemistry.* 20: 1076-1080.

Proietti, I., Frazzoli, C. y Mantovani, A. (2015). Exploiting nutritional value of staple foods in the world's semi-arid areas: risks, benefits, challenges and opportunities of sorghum. *Healthcare.* 3: 172-193.

Pupo, Y., Herrera, L., Vargas, B., Marrero, Y., Arévalo, R. y Jiménez, C. (2009). Efecto del extracto crudo de hojas de *Tagetes erecta* L. en el control de cuatro hongos patógenos de hortalizas en condiciones "*in vitro*". *Centro Agrícola.* 63: 77-81.

Pupo, Y. G., Kalombo, D., Herrera, L., Malheiros, D. I. y Vargas, B. (2011). Effect of plant extracts on growth and spore germination of *Alternaria solani* (E. & M.) J. & G. under *in vitro* conditions. *Revista Iberoamericana de Micología.* 28: 60.

Quinn, J. C., Kessell, A. y A.Weston, L. (2014). Secondary plant products causing photosensitization in grazing herbivores: Their structure, activity and Regulation *International Journal of Molecular Sciences.* 15: 1441-1465.

Rajesh, R., Jaivel, N. y Marimuthu, P. (2014). *Mutingia calabura* botanical formulation for enhanced disease resistance in tomato plants against *Alternaria solani*. *African Journal of Microbiology Research.* 8: 2059-2068.

Ranathunge, K., Schreiber, L., Bi, Y. M. y Rothstein, S. J. (2016). Ammonium-induced architectural and anatomical changes with altered suberin and lignin levels significantly change water and solute permeabilities of rice (*Oryza sativa* L.) roots. *Planta.* 243: 231-249.

Razak, S. I. A., Anwar Hamzah, M. S., Yee, F. C., Kadir, M. R. A. y Nayan, N. H. M. (2017). A review on medicinal properties of saffron toward major diseases. *Journal of Herbs, Spices & Medicinal Plants.* 23: 98-116.

Razzaghi, M., Allameh, A., Al-Tiraihi, T. y Shams, M. (2005). Studies on the mode of action of neem (*Azadirachta indica*) leaf and seed extracts on morphology and aflatoxin production ability of *Aspergillus parasiticus*. *Bioprospecting and Ethnopharmacology.* 1: 123-127.

Regnault-Roger, C. (2012). Trends for commercialisation of biocontrol agent (biopesticide) products. En: Mérillon, J. y Ramawat, K. (eds.). *Plant Defence: Biological Control, Progress in Biological Control.* pp. 139-160. Netherlands: Springer Netherlands.

Robles, A., Díaz, A., Herrera, L. y Cupull, R. (2011). Utilización de antagonistas como una alternativa ecológica en el control de enfermedades foliares en tomate. *Centro Agrícola.* 38: 37-43.

Rodríguez, A., Companioni, N., Peña, E., Cañet, F., Fresneda, J., Estrada, J., Rey, R., Fernández, E., Vázquez, L., Aviléz, R., Arozarena, N., Dibut, B., González, R., Pozo, J. L., Cun, R. y Martínez, F. (2007). Manual Técnico para Organopónicos, Huertos Intensivos y Organoponía Semiprotegida. 6ta (ed.). La Habana, Cuba: Instituto de Investigaciones Fundamentales en Agricultura Tropical, 184 pp.

Roselló, J., Sempere, F., Sanz-Berzosa, I., Chiralt, A. y Santamarina, M. P. (2015). Antifungal activity and potential use of essential oils against *Fusarium culmorum* and *Fusarium verticillioides*. *Journal of Essential Oil Bearing Plants.* 18: 359-367.

Rotem, J. (1994). The Genus *Alternaria*: Biology, Epidemiology, and Pathogenicity. 1ra (ed.). Minesota, EE.UU.: St. Paul: APS press, 326 pp.

Sadeghi, M., Zolfaghari, B., Senatore, M. y Lanzotti, V. (2013). Spirostane, furostane and cholestane saponins from Persian leek with antifungal activity. *Food Chemistry.* 141: 1512-1521.

Sadguna, V., Sarikha, K., Komuraiah, T. R. y Mustafa, M. (2015). Anti-microbial activity of *Pueraria tuberosa* DC, an economically and medicinally important plant. *International Journal of Current Microbiology and Applied Sciences.* 4: 152-159.

Saha, T., Kumari, K. y Ray, S. N. (2016). Secondary Plant Metabolites: Mechanisms and Roles in Insect Pest Management. *Plant Secondary Metabolites: Volume 3: Their Roles in Stress Ecophysiology.* pp. 135-168: Apple Academic Press.

Sánchez, Y., Correa, T., Abreu, Y., Martínez, B., Duarte, Y. y Pino, O. (2011). Caracterización química y actividad antimicrobiana del aceite esencial de *Piper marginatum* Jacq. *Revista de Protección Vegetal.* 26: 170-176.

Santos Júnior, H. M., Campos, V. A., Alves, D., Cavalheiro, A., Souza, L. P., Botelho, D. y Oliveira, D. F. (2014). Antifungal activity of flavonoids from *Heteropterys byrsonimifolia* and a commercial source against *Aspergillus ochraceus in silico* interactions of these compounds with a protein kinase. *Crop Protection.* 62: 107-114.

Šaponjac, V. T., Čanadanović-Brunet, J. y Ćetković, G., & Djilas, S. (2016). Detection of Bioactive Compounds in Plants and Food Products. *Emerging and Traditional Technologies for Safe, Healthy and Quality Food.* pp. 81-109: Springer International Publishing.

Šarkanj, B., Molnar, M., Cacic, M. y Gille, L. (2013). 4-Methyl-7-hydroxycoumarin antifungal and antioxidant activity enhancement by substitution with thiosemicarbazide and thiazolidinone moieties. *Food Chemistry.* 139: 488-495.

Sathiyabama, M., Akila, G. y Charles, R. E. (2014). Chitosan-induced defence responses in tomato plants against early blight disease caused by *Alternaria solani* (Ellis and Martin) Sorauer. *Archives of Phytopathology and Plant Protection.* 47: 1777-1787.

Seidel, V. (2012). Initial and bulk extraction of natural products isolation. En: Sarker, S. D. y Nahar, L. (eds.). *Natural Products Isolation.* pp. 27-41: Human Press.

Sharma, S. (2017). Review on Phytochemicals with their biological roles? *International Journal of Advanced Research in Biological Sciences.* 4: 69-77.

Sharma, U. K., Sharma, A. K. y Pandey, A. K. (2016). Medicinal attributes of major phenylpropanoids present in cinnamon. *BMC Complementary and Alternative Medicine.* 16: 156.

Shoeb, M., Hasan, Z., Saha, N. K., Karim, M. y Nahar, N. (2013). Antimicrobial activity of carbazole alkaloids from *Murraya koenigii* (L.) Spreng leave. *International Journal of Medicinal and Aromatic Plants.* 3: 131-135.

Shouqin, Z., Junjie, Z. y Changzhen, W. (2004). Novel high pressure extraction technology. *International Journal of Pharmaceutics.* 278: 471-474.

Shrivastava, D. K. y Swarnkar, K. (2014). Antifungal activity of leaf extract of Neem (*Azadirachta Indica* Linn). *International Journal Current Microbiology Applied Sciences.* 3: 305-308.

Siddiqui, S. A., Islam, R., Islam, R., Jamal, A. H. M., Parvin, T. y Rahman, A. (2013). Chemical composition and antifungal properties of the essential oil and various extracts of *Mikania scandens* (L.) Willd. *Arabian Journal of Chemistry.* 10: S2170-S2174.

Singh, A., Singh, V. y Yadav, S. M. (2014). Cultural, morphological and pathogenic variability of *Alternaria solani* causing early blight in tomato. *Plant Pathology Journal.* 13: 167-172.

Song, S., Shao, M., Tang, H., He, Y., Wang, W., Liu, L. y Wu, J. (2016). Development, comparison and application of sorbent-assisted accelerated solvent extraction, microwave-assisted extraction and ultrasonic-assisted extraction for the determination of polybrominated diphenyl ethers in sediments. *Journal of Chromatography A.* 1475: 1-7.

Steuck, M., Hellhake, S. y Schebb, N. H. (2016). Food polyphenol apigenin inhibits the cytochrome P450 monoxygenase branch of the arachidonic acid cascade. *Journal of Agricultural and Food Chemistry.* 64: 8973-8976.

Suh, W. S., Kim, C. S., Park, K. J., Cha, J. M., Kim, D. H. y Lee, K. R. (2016). Bioactive chemical constituents from the twigs of *Salix glandulosa*. *Planta Medica.* 81: P511.

Swamy, M. K., Akhtar, M. S. y Sinniah, U. R. (2016). Antimicrobial properties of plant essential oils against human pathogens and their mode of action: An updated review. 2016: 3012462.

Teshima, Y., Ikeda, T., Imada, K., Sasaki, K., El-Sayed, M. A., Shigyo, M., Tanaka, S. y Ito, S. (2013). Identification and biological activity of antifungal saponins from Shallot (*Allium cepa* L. Aggregatum Group). *Journal of Agricultural and Food Chemistry.* 61: 7440-7445.

Thomma, B. P. H. J. (2003). *Alternaria* spp.: from general saprophyte to specific parasite. *Molecular Plant Pathology.* 4: 225-236.

Tsanko, S. G., Hille, J., J.Woerdenba, H., Benin, M., Mehtero, N., Toneva, V., Fernie, A. R. y Mueller-Roeber, B. (2014). Natural products from resurrection plants: Potential for medical applications. *Biotechnology Advances.* 32: 1091-1101.

Tsunoda, T. y Dam, N. M. v. (2017). Root chemical traits and their roles in belowground biotic interactions. *Pedobiologia - Journal of Soil Ecology.* doi: 10.1016/j.pedobi.2017.05.007.

Tuenter, E., Exarchou, V., Ahmad, R., Baldé, A., Cos, P., Maes, L. y Pieters, L. (2016). Antiplasmodial activity of cyclopeptide alkaloids from *Hymenocardia acida* and *Ziziphus oxyphylla*. *Planta Medica.* 81: YRW12.

Turkson, J. (2017). Cancer Drug Discovery and Anticancer Drug Development. *The Molecular Basis of Human Cancer,* pp. 695-707. New York: Springer.

Upadhyay, A., Upadhyaya, I., Kollanoor-Johny, A. y Venkitanarayanan, K. (2014). Combating pathogenic microorganisms using plant-derived antimicrobials: A minireview of the mechanistic basis. *BioMed Research International.* 2014: 761741.

Upasana, M., Lal, E. P., Pandey, A. K. y Yadav, O. P. (2016). *In vitro* inhibitory effect of fungicide and plant extracts on mycelium growth of *Alternaria solani*. *Annals of Plant Protection Sciences.* 24: 142-144.

Vega, F. E., Brown, S. M., Chen, H., Shen, E., Nair, M. B., Ceja-Navarro, J. A., Brodie, E. L., Infante, F., Dowd, P. F. y Pain, A. (2015). Draft genome of the most devastating insect pest of coffee worldwide: the coffee berry borer, *Hypothenemus hampei*. *Scientific Reports.* 5: 12525.

Venugopala, K. N., Rashmi, V. y Odhav, B. (2013). Review on natural coumarin lead compounds for their pharmacological activity. *BioMed Research International.* 2013: 963248.

Villasanti, C. (2013). El Cultivo de Tomate con Buenas Prácticas Agrícolas en la Agricultura Urbana y Periurbana 1ra (ed.). Paraguay: FAO, 72 pp.

Wang, J., He, W., Huang, X., Tian, X., Liao, S., Yang, B., Wang, F., Zhou, X. y Liu, Y. (2016). Antifungal new oxepine-containing alkaloids and Xanthones from the Deep-sea-derived fungus *Aspergillus versicolor* SCSIO 05879. *Journal of Agricultural and Food Chemistry.* 64: 2910-2916.

Weiss, D., Juchem, G. y Partsch, H. (2014). Pitfalls of modern anticoagulation therapies and flavonoids as promising prophylactic antithrombotics. *Phlebolymphology.* 21: 121.

Winkelhausen, E., Pospiech, R. y Laufenberg, G. (2005). Antifungal activity of phenolic compounds extracted from dried olive pomace. *Bulletin of the Chemists and Technologists of Macedonia.* 24: 41-46.

Xiao, H., Wu, F., Shi, L., Chen, Z., Su, S., Tang, C. y Shi, Q. (2014). Cinchona alkaloid derivative-catalyzed enantioselective synthesis via a mannich-type reaction and antifungal activity of β-amino esters bearing benzoheterocycle moieties. *Molecules.* 19: 3955-3972.

Ya-Qin, M., Jian-Chu, C., Dong-Hong, L. y Xing-Qian, Y. (2009). Simultaneous extraction of phenolic compounds of citrus peel extracts: Effect of ultrasound. *Ultrasonics Sonochemistry.* 16: 57-62.

Yamaguchi, T., Kuwahara, Y. y Asano, Y. (2017). A novel cytochrome P450, CYP3201B1, is involved in (R)-mandelonitrile biosynthesis in a cyanogenic millipede. *FEBS Open Bio.* 7: 335-347.

Yusoff, M. M., Gordon, M. H., Ezeh, O. y Niranjan, K. (2017). High pressure pre-treatment of *Moringa oleifera* seed kernels prior to aqueous enzymatic oil extraction. *Innovative Food Science & Emerging Technologies.* 39: 129-136.

Zeraik, M. L., Petronio, M. S., Coelho, D., Regasini, L. O., Silva, D. H. S., Fonseca, L. M. d., Machado, S. A. S., Bolzani, V. S. y Ximenes, V. F. (2014). Improvement of pro-oxidant capacity of protocatechuic acid by esterification. *PLoS ONE.* 9: e110277.

Zhang, H. y Tsao, R. (2016). Dietary polyphenols, oxidative stress and antioxidant and anti-inflammatory effects. *Current Opinion in Food Science.* 8: 33-42.

Zheng, M., Chen, J., Shi, Y., Li, Y., Yin, Y., Yang, D., Luo, Y., Pang, D., Xu, X., Li, W., Ni, J., Wang, Y., Wang, Z. y Li, Y. (2017). Manipulation of lignin metabolism by plant densities and its relationship with lodging resistance in wheat. *Scientific Reports.* 7: 41805.

Zidenga, T., Siritunga, D. y Sayre, R. T. (2017). Cyanogen metabolism in cassava roots: impact on protein synthesis and root development. *Frontier in Plant Science.* 8: 220.

Printed by Books on Demand GmbH, Norderstedt / Germany